경희대학교 국제지역연구원 환동해지역연구 시리즈 5

환동해 관계망의 역동성

이 저서는 2011년 정부(교육과학기술부)의 재원으로 한국연구재단의 지원을 받아 수행된 연구입니다.
(과제 번호 : NRF-2011-362-H00001)

경희대학교 국제지역연구원 환동해지역연구 시리즈 5

환동해 관계망의 역동성

김재윤 | 김석희 | 신진숙 | 권세은
송석원 | 최영진 | 김효섭 | 추장민

경희대학교 출판문화원
KYUNG HEE UNIVERSITY PRESS

| 머리말 |

관계망을 통해 본 환동해의 복잡성

환동해지역을 관계망으로 이해한다는 것은 이 지역을 하나의 고정된 의미로 환원시키려는 일반적 시각에 반대한다는 것이다. 환동해라는 공간을 구성하는 다양한 행위자와 관계망을 통해 지역의 의미를 밝히려는 것이자, 또한 행위주체의 복수성 및 중층성을 강조하는 시선이다. 예컨대 정부 주도의 공간 재현이 존재하는가 하면, 지방 고유의 공간적 기획이 존재할 수 있다. 개인과 집단, 기업과 공공기관 등 다양한 행위주체가 지역의 의미 생산에 참여한다. 국가주의의 시선에 의한 공간적 기능들이 존재할 뿐 아니라 세계화라는 거시적 맥락과 연계된 흐름들이 발견된다. 따라서 지역에 대한 다양한 아이디어와 가치, 그리고 이를 실행시키려는 공간기획은 수행적 관점에서 다양한 행위자들의 참여 과정을 복합적으로 이해할 필요가 있다.

환동해지역을 설명하는 단 하나의 관계망이 존재한다는 믿음은 환상일 수밖에 없다. 이를테면 환동해지역에서 발생했던 역사적 관계성은 사라지는 것이 아니라 오늘날의 환동해지역에서 형성되는 관계망의 원형으로 자리한다. 고대부터 축적된 역사적 관계망은 현대 세계 속에서 하나의 무의식적 기억으로 자리하고 있다. 마찬가지로 근대 시기에 형성된 관계망은 전근대적인 것을 담지하면서 새로움을 변주해 왔다. 환동해지역을 예로 들면, 식민지 시기 동해를 중심으로 형성되었던 근대 식민체계와 관계망은 오늘날 탈근대적 맥락

속에서도 여전히 중요한 기억의 정치로 잔존하고 있다.

또한 각각의 영역과 행위자 차원에서 만들어지는 다양한 관계망은, 어떤 특정 연결 지점을 가지고 있다 하더라도, 일정 정도 서로 다른 목적과 경향, 메커니즘에 의해 움직인다. 자원의 흐름에 기초한 경제적인 관계망이 군사적 관계망과 동일할 수는 없다. 예를 들어 동북아시아 각 지역에 흩어져 있는 디아스포라들이 만들어 내는 관계망을 국가주의적 시선으로만 해석할 수 없다. 환동해지역을 구성하는 유일한 관계망은 존재하지 않는다. 정책적인 면과 군사적인 면, 미디어와 과학기술력 등 서로 다른 기반 위에 형성된 관계망이 고유한 동역학을 형성하며 지역의 의미를 구현한다. 따라서 환동해지역은 다양한 관계망들의 다성성多聲性으로 이해할 필요가 있다.

하지만 근본적으로 관계망은 분리되지 않는다. 서로 연결되어 있다. 정치-경제-문화-사회적 맥락들은 상호 텍스트적인 관계로서, 각각의 망은 하나 또는 둘 이상의 다른 망과 연계된다. 우리가 이 책에서 설정한 문제의 환동해지역 관계망 또한 여기서 출발한다. 특수한 메커니즘에 의해 작동하는 관계망이 결합하거나 해체되는 과정에서 환동해지역의 의미가 생산, 재생산된다. 정치·경제·사회·문화적 차원들이 연결되고 집적되면서 하나의 공간이 만들어지는 것이다.

더욱이 같은 지역 내에는 더 강하거나 혹은 더 약한 관계망이 존재할 수 있다. 이를테면 지배적인 권력을 행사하는 위치에서 만들어 내는 관계망이 있으며, 이것들은 많은 경우 망의 내부와 외부를 가르는 포함과 배제의 원리에 의해 구동된다. 환동해지역 질서를 결정짓는 정치적이고 군사적인 관계망이 대표적이다. 군사적 경색 국면에 들어설 때일수록 이러한 현상은 더욱 가시화된다. 군사적 관계망은 그동안 수행되어 왔던 국가 또는 민간 차원의 경제적 관계와 문화적 교류를 중지시키거나 단절시킬 수 있는 권력을 행사한다. 기실 북한을 둘러싼 동북아시아의 지정학적 맥락을 무시하고 환동해지역의 현실을 논의할 수 없다. 그것은 분명한 현실이다.

또 다른 예를 들면, 이와 같은 군사적·지정학적 맥락은 미디어가 만들어내는 세계상像과도 분리될 수 없다. 문화야말로 다양한 관계망을 생산하는 동인이 되는 가치와 개념, 기획들을 조정하고 생산하는 자료이다. 환동해지역의 다양한 공간에서 만들어지는 문화현상과 미디어의 결합 과정에 주목해야 하는 것은 바로 이 때문이다. 또 정치적 맥락과 분리된 채 독립적이고 자율적인 메커니즘으로 보이는 시장경제 또한 군사적 힘과 정부 정책에 의해 흐름의 변형이 불가피하다. 그러므로 환동해지역의 역동성은 바로 이러한 이질적인 관계망들의 관계성으로 이해할 필요가 있다.

그럼에도 공간을 기획하고 결정하는 것을 특정 관계망의 권력으로만 축소시킬 수는 없다. 중요한 것은 권력화된 관계망 주변에 훨씬 더 다양한 관계망이 존재한다는 점이다. 권력의 장에서 배제된 행위주체들이 기존의 망 주변에 이질적인 장소적 실천과 상상들을 수행하고, 이를 통해 공간의 의미가 다른 방향으로 전환하도록 만드는 계기를 제공하기도 한다. 그것은 때로 정부 또는 국가 주도의 공간기획과 정반대 방향으로 흘러가기도 한다. 그 때문에 공간의 진정한 의미를 깨닫기 위해서는 일상적 삶의 영역에서 만들어지는 미시적 관계망에도 주의를 기울여야 한다. 삶의 실제 영역에서 풀뿌리처럼 아래로부터 만들어지는 이러한 관계망은 국가 또는 지방이라는 영역에 한정되지만, 때로는 그러한 경계 자체를 벗어나는 흐름과 연결되기도 한다. 이러한 변화는 대부분 기존의 방식대로 중앙과 주변부를 이분화하고 권력의 일방적이고 획일적인 시선으로는 해석될 수 없는 특이성을 지닌 것들이 많다.

바로 이 점에서 환동해지역을 올바로 이해하기 위해서는 보다 다양한 관계망에 대한 발견과 해석이 무엇보다 중요하다. 북한 핵 문제 등으로 군사적이고 국가주의적인 시선이 지배적인 지금이야말로 더욱 그러하다. 군사적·정치적 지배와 결정에 반하는 문화적 흐름과 관계망에 주목할 필요가 있다. 환경적이고 생태학적인 관점도 이러한 맥락에서 중요하다. 관계망이 복잡하게 얽힌 지점을 뚫고 그 속에서 형성되는 의미 있는 흐름과 잠재적인 가치를 새로운 공간기획으로 흡수할 수 있는 대안을 모색해 보아야 한다.

하지만 이 책의 목적이 환동해 관계망의 의미를 확정하는 데 있지는 않다. 그보다는 관계망 자체를 다양한 시점에서 사유하고자 한다. 앞으로 더욱 진전된 공동연구를 통해 발전시켜 나갈 계획이다. 끝으로, 이 자리를 빌려 책의 집필을 맡아 준 HK연구단 구성원과, 함께 뜻을 모은 외부 필진들께 다시 한 번 감사의 말을 전한다.

2016년 봄

경희대 국제지역연구원장 권세은

| 차 례 |

머리말 관계망을 통해 본 환동해의 복잡성 5

제1장 고대 환동해문화권역의 조망 | 김재윤 11

제2장 환동해지역의 문화적 기층과 변화 : 죽음의 인식을 중심으로 | 김석희 53

제3장 환동해 농촌경관의 문화적 구성과 재현의 정치 | 신진숙 73

제4장 환동해의 네트워크 지정학적 이해 | 권세은 105

제5장 환동해지역의 안보 현안과 협력체제 모색 | 송석원 137

제6장 접경 지역에서 산업협력의 관계망 형성과 단절 : 북한 나선과 개성 경제특구를 중심으로 | 최영진 171

제7장 환동해 에너지 관계망의 지정학 | 김효섭 201

제8장 동북아 환경협력의 현황과 과제 | 추장민 229

참고문헌 249

저자 소개 262

제1장

고대 환동해문화권역의 조망

김재윤

1. 머리말

환동해문화권은 선사시대부터 역사시대까지 두만강 일대 및 연해주의 고고문화와 강원도 일대의 문화가 서로 관련성 또는 문화적 네트워크를 이루는 지리적 범위를 통틀어 일컫는 용어이다. 대개 시대에 따라 영향을 주고받은 지역의 차이가 있으나, 그중에서도 '환동해선사문화권'은 신석기시대부터 형성된 것으로 보았다.[1] 고대 환동해문화권은 시호테알린 산맥과 태백산맥으로 이어지는 동해(태평양)를 기반으로 한 동일한 생계경제의 체계 아래에서 이루어졌다.

문화권은 고고문화를 좀 더 확대한 개념이다. 생계경제 및 자연환경의 유사성에 기인한 문화교류 관계가 심화된 문화를 묶은 단위이다. 문화권의 하부단위는 ○○문화와 ○○지역으로 설정할 수 있다. 전자는 한국 고고학계에서 인식하는 고고문화의 단위이며, 후자는 대체로 하나의 문화를 포괄하

1 김재윤, 「선사시대의 極東 全身像 土偶와 환동해문화권」, 『한국상고사학보』 60, 2008, pp. 63~67.

지역	번호	유적명	유적입지	조사 연도	조사 성격	시대	성격
아무르강 하류	1	수추 (Сучу. Suchu)	하중도	1972-1975 1993-1995 1997,1999 2000-2002	발굴조사	신석기시대	주거유적
	2	보즈네세노프스코예 (Вознесеноское. Voznesenskoe)	하안단구	1960	발굴조사	신석기시대	주거유적
	3	가샤 (Гася. Gasha)	하안단구	1980 1989-1990	발굴조사	신석기시대	주거유적
	4	말르이쉐보 (Малышевское. Malyshev)	하안단구	1963	발굴조사	신석기시대	주거유적
연해주 및 두만강	5	초르토보이 보로타 (Чёртовы варота. Chertovy varota)	동굴	1973	발굴조사	신석기시대	주거유적
	6	드보랸카 1 (Дворянка 1.Dvorayanka1)	구릉위	2004 2006	발굴조사	신석기시대 청동기시대	주거유적 무덤
	7	세르게예프카1 (Сергевка1. Sergevka 1)	구릉위	2004	발굴조사	구석기시대 신석기시대 철기시대	주거유적
	8	쉐클라예보7 (Шеклаево 7.Sheklaevo7)	구릉위	2003-2004	발굴조사	구석기시대 신석기시대 중세시대	주거유적
	9	엘제페-3-6 (ЛДП-3-6. LDP-3-6)	구릉위	2004	발굴조사	신석기시대	문화층
	10	루드나야 프린스턴 (Рудная пристант. Rudnaya pristant)	구릉위	1982-1983 1990	발굴조사	신석기시대 청동기시대	주거유적
	11	노보트로이츠코예2 (Новотроцкое. Novotroisk)	구릉위	2004	발굴조사	신석기시대	주거유적
	12	마략-르볼로프 (Маряк рывалров. Maryak rivalrov)	강의 입구	1959 1960	발굴조사	신석기시대 청동기시대	주거유적
	18	글라조프카-2 (Глазовка-2. Glazovka-2)	하안단구	1990	발굴	청동기시대	주거유적
	19	vp레발 (Перевал. Peleval)	구릉위	1966 1972 1978	발굴조사	신석기시대? 청동기시대	주거
	21	서포항	해안가	1960 1964	발굴조사	구석기-청동기	주거유적
	22	송평동	해안가	1927 1928	발굴조사	신석기-철기	주거유적
	23	오동	하안단구	1954 1955	발굴조사	신석기-철기시대	주거유적
	24	홍성	구릉위	1986 1987	발굴조사	신석기-청동기	주거유적
	25	호곡	하안단구	1959 1961	발굴	신석기-철기	주거유적
	27	大成子	하안단구	1972	발굴조사		주거지유적
	28	團結	하안단구	1972 1977	발굴조사	철기시대	주거지유적
	29	크로우노프카 (Кроуновка Krounovka)	하안단구	1968 1984 2002	발굴조사	신석기시대 철기시대	주거유적
	30	一松窪	陡峭산과 琿春河강변	1972	발굴조사	團結	주거지
	33	크라스키노 (Краскиоб Krackino)	바닷가		발굴조사	발해	성곽
강원도	13	문암리	사구	1998 1999 2000	발굴조사	신석기시대	주거유적
	14	오산리 A·B지구	사구	1981- 1986	발굴조사	청동기시대 신석기시대	주거유적
	15	오산리 C지구	사구	2006	발굴조사	구석기시대 신석기시대 조선시대	주거유적
	16	망상동	구릉	2006	시굴조사	구석기시대 신석기시대	불명확함
	17	춘천 교동	동굴	1962	발굴조사	신석기시대	주거유적
	26	정선 아우라지	하안단구	2005	발굴조사	청동기시대	주거유적
	31	홍천 철정리	하안단구	2006 2007	발구조사	청동기시대 철기시대	주거유적 무덤유적
	32	춘천 율문리	하안단구	2008	시굴조사	철기시대	주거유적

그림 1 환동해문화권의 유적(●신석기시대 유적, ■청동기시대 유적, ▲철기시대 유적, ★발해 유적, 유적 번호는 오른쪽 표와 일치)

출토된 곳일 뿐 아니라 한반도 신석기문화가 독자적으로 발생한 것이 아니라는 설[6]을 결정적으로 뒤집는 절대연대와 토기(평저의 오산리식토기와 융기문토기)가 출토된 유적지이기도 하다.

그런데 최근에는 그 이전에 발굴된 오산리 유적의 A·B지구와 조금 떨어진 오산리 C지구에서, 동해안에서 출토된 토기 중 가장 이른 토기로 알려졌던 오산리식토기와 융기문토기보다 더 아래층에서 적색으로 마연된 토기와 무문양토기가 새로이 출토되었다. 따라서 기존에 알려진 토기의 연대 문제도 재고할 필요가 생겼다(표 1).

오산리 C지구에서 출토된 적색마연토기는 망상동, 문암리의 X층, IX층에서 확인되었는데, 유적의 연대가 동해안의 가장 이른 시기를 점유하고 있다. 이 토기와 함께 대형 석도도 함께 확인된다.

그런데 동해안에서 갑자기 이런 토기가 등장한 것은 아이러니하다. 적색마연압날문토기는 고운 태토에 적색으로 마연을 해서 제작된 토기로, 당시 전혀 토기 제작 기술이 없던 동해안지역의 상황을 고려한다면 이 토기가 자체 발생했다고 보는 것은 설득력이 부족하기 때문이다. 따라서 적색마연토기는 이러한 토기 제작 기술이 있었던 곳의 영향을 받아 제작된 것으로 추론하는 것이 합리적이다.

이와 같은 토기는 동해안과 같은 문화권인 아무르 강 하류의 말르이쉐보문화에서 확인된다. 말르이쉐보문화의 중요한 토기는 적색마연토기와 무문양토기인데, 이 토기의 시문 방법, 적색마연 방법 등 토기를 만드는 방법은 동해안 토기와 상당히 유사하다. 하지만 양 지역 토기의 기형에서 차이가 있는데, 이것은 재지적인 영향이 큰 것으로 생각된다. 좀 더 넓은 의미의 같은 문화권인 평저토기문화권에서 동 시기에 마연토기가 나타나는 곳은 이

---

6 藤田亮策,「櫛目文樣土器の分布について」,『青丘學叢』, 1930.

곳뿐이다.[7]

물론 '적색'이라는 점에서 평저토기문화권 내의 서부지역 홍산문화 채색토기와 비교해 볼 수도 있지만, 토기의 기형 및 시문 방법, 출토 유구, 연대 등은 전혀 다른 것으로 생각된다. 동해안 적색마연압날문토기는 평저토기문화권에서 말르이쉐보문화의 토기와 정면 기법이나 문양 시문 수법에서 가장 유사하다. 이 시점의 연해주 및 평저토기문화권의 기타 지역에서 적색마연토기가 확인되는 경우는 없다.[8]

또한 문암리 유적에서 접시형 토기가 2점 보고되었는데, 1점(그림 2-10)은 결상이식과 같이 공반되었고, 1점(그림 2-11)은 VII-2층에서 출토되었다. 이 기형은 한반도에서는 찾아볼 수 없는 것으로 말르이쉐보문화의 것과 유사한 것으로 보고되었다.[9] 물론 오산리 C지구에서 확인되는 표주박형토기(그림 2-16)는 다른 곳에서는 관찰되지 않는데, 동해안지역의 기형으로 추정된다.

아무르 강 하류의 말르이쉐보문화는 지금으로부터 7,000년 전부터 시작되었으며, 오산리 C지구의 조기문화층은 ^{14}C연대와 환경변화 등을 전체적으로 고려할 때 대략 7000B.P.부터 시작한다.[10] 그러나 동해안 1유형과 말르이쉐보문화와의 관련성은 오산리 1·2호 주거지의 구체적 연대를 참고해서 6500B.P.와 좀 더 가깝다고 생각된다.[11] 그 이유는 오산리 C지구, 문암리, 망상동 등에서 출토되는 토기 및 석기가 이미 한반도 재지유물과 함께 출토되

---

7 김재윤, 「범의구석 1호 적색마연토기의 형성과정」, 『韓半島 (赤色)磨研土器 探究』, 2013년 한국청동기학회 토기분과 워크숍, 2013년 6월 21일.

8 위의 논문, 2013.

9 國立文化財硏究所, 『高城 文岩里 遺蹟』, 國立文化財硏究所, 2004, p. 232.

10 예맥문화재연구원, 『養陽鰲山里遺蹟』, 예맥문화재연구원, 2010, pp. 420~422.

11 김재윤, 앞의 논문, 2015, pp. 15~18.

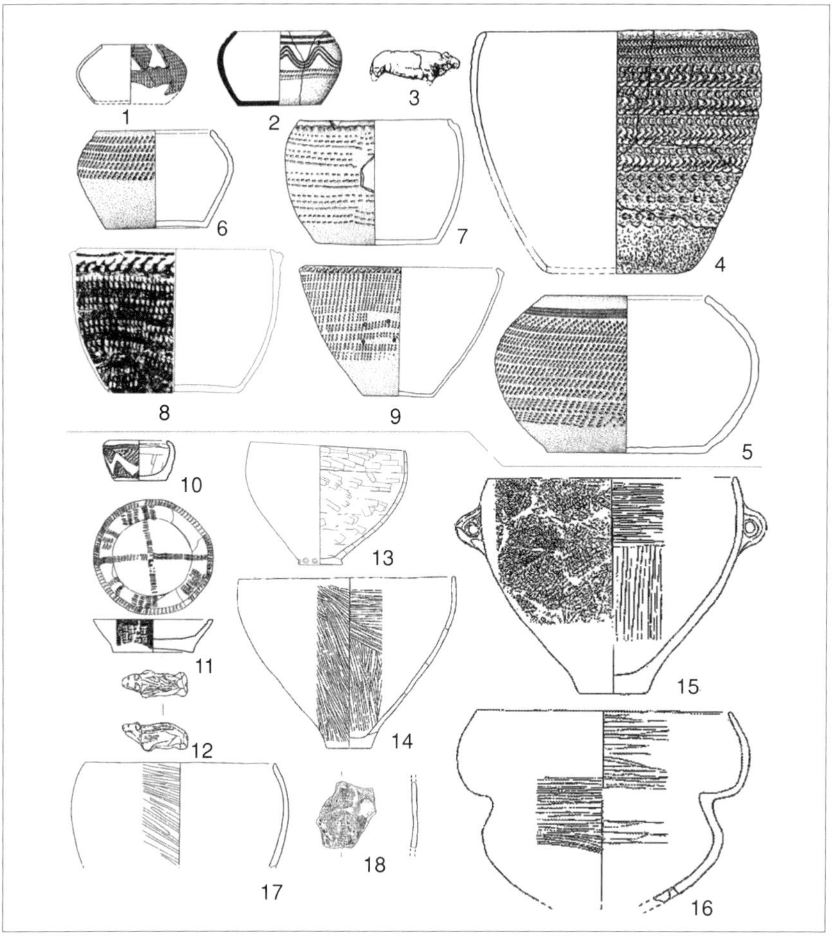

그림 2 아무르 강 하류 말르이쉐보문화의 토기와 동해안 적색마연토기 및 무문토기[1·2·4 : 가샤유적 출토, 3 : 수추 섬 26호 출토, 5·6·8·9 : 수추 섬 25호 출토, 7 : 수추 섬 24호 출토, 10·11·13 : 문암리 출토, 12 · 14~16 : 동해안 오산리 C지구 출토(축척 1/6)]

기 때문이다.

말르이쉐보문화의 주거는 평면 형태가 말각방형 또는 원형이고, 노지는 대체적으로 무시설석이며, 바닥에 저장공이 설치되는 특징을 보인다. 동해안

표 1 강원도의 첨저토기 이전(7,000년 전~5,000년 전) 토기 유형

	시문방법 \ 유적명	적색마연(압날)토기	무문양토기	오산리식 토기	융기문토기
1유형	오산리 C지구 9 · 10층	○	○		
	문암리 X층		○		
	문암리 IX층	○	○		
	망상동	○	○		
2유형	오산리 C지구 8층			○	
	오산리 C지구 6층				○
	오산리 C지구 7층				○
	오산리 A · B지구			○	○

의 주거지와 비교해 볼 때 아무르 강 하류의 주거지가 훨씬 큰 점 등은 차이가 있다. 이것은 입지의 특징, 기후 등 많은 영향이 있었기 때문일 것이다.

동해안과 아무르 강 하류의 관련성은 토우에서도 찾아볼 수 있다. 한반도는 동북아시아의 다른 지역에 비해 토우가 적은 편이지만, 동해안에서는 출토 수가 많은 편이다.[12] 아무르 강 하류 지역은 신석기시대 전 기간에 걸쳐서 토우가 많이 확인되는데, 그중 특히 말르이쉐보문화에서 토우가 많이 출토된다. 그런데 오산리 C유적의 최하층에서 동물형 토우가 확인되었다. 이 토우와 아무르 강 하류 수추 섬의 26호 주거지에서 출토된 것이 아주 유사하다. 각각 곰 모양과 엘크형 토우로 보고 있다. 두 토우 동정의 옳고 그

12 김재윤, 앞의 논문, 2008, p. 48.

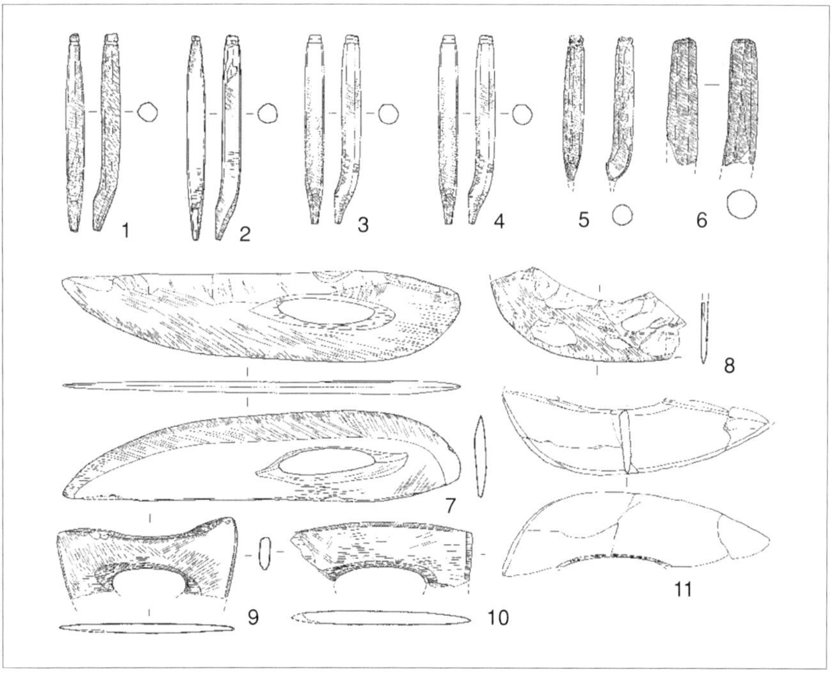

그림 3 동해안의 석기[1~4·7·8 : 문암리 유적, 5·6·9·10 : 망상동 유적, 11 : 죽변 유적(축척 1/4)]

름을 떠나서, 동물은 일정한 자연환경과 장소에서 서식하기 때문에 유사한 형태의 토우가 각 지역에서 확인되었다는 점은 암시하는 바가 크다.

한편 동해안 적색마연토기가 확인되는 유적에서 나타나는 대형 석도(그림 3-7~11) 및 여러 시기에 걸쳐서 사용된 결합식 낚싯바늘(그림 3-1~6) 등 연해주나 아무르 강 하류에서는 확인되지 않는 동해안의 지역성이 그대로 남아 있는 유물도 있다. 따라서 동해안에서 적색마연토기와 무문양토기 등이 나타나는 시기는 오산리 C지구의 조기층을 참고하면 7,000년 전이지만, 망상동, 문암리 등 여러 유적에서 나타나는 토기와 석기 양상은 이미 재지화된 것으로 생각된다. 또한 말르이쉐보문화와의 관련성은 오산리 조기층

의 1·2호 주거지 연대를 참고하면 대략 6,500~6,000년 전 무렵으로 생각된다.[13]

(2) 6,000년 전 연해주와 동해안

동해안의 적색마연토기 다음 단계의 오산리식토기와 융기문토기는 연해주의 루드나야문화의 세르게예프카 유형의 토기와 유사하다. 이 유형의 구연부압날문토기는 구연부에만 압날문이 시문되는데, 단독으로 시문되기도 하고 다른 문양과 복합되기도 한다. 문양 시문 방법, 문양 형태의 유사성, 문양 모티브의 아이디어 등이 오산리식토기와 아주 유사하다. 또한 세르게예프카 유형의 융기문토기는 횡방향이 주를 이루고 기형도 발형이나 호형 등이 있다. 전체적으로 파상의 횡방향 융기문이 많지만, 직선의 횡방향 융기문토기도 시로틴카 유적, 엘제페-3-6 유적 등도 확인되고 있다. 따라서 세르게예프카 유형의 융기문토기와 구연부압날문토기는 동해안의 2유형과 관련이 깊다. 루드나야문화의 세르게예프카 유형 절대연대와 동해안 2유형의 중심연대를 비교해 본다면 6,000~5,800년 전 무렵에 서로 관련이 있는 것으로 생각된다. 그런데 동해안 적색마연토기가 확인되는 유적에서 나타나는 대형석도 및 여러 시기에 걸쳐서 사용된 결합식 낚싯바늘 등은 연해주나 아무르 강 하류에서는 확인되지 않는 동해안의 지역성이 그대로 남아 있는 유물도 있다.

한편 문암리 유적의 02-3호 유구에서는 결상이식(그림 4-26, 27)이 확인되었는데, 옥제장신구는 세르게예프카 유형의 쵸르토브이 보로타 유적(그림 4-11)에서도 확인된다. 이 유적은 주거지 폐기 후 무덤으로 사용되었는데, 동해안의 교동 유적에서도 같은 정황이 확인된다. 인골 3구와 토기 5점, 석

13 김재윤, 앞의 논문, 2015, pp. 15~18.

표 2 환동해문화권 신석기시대 편년

B.P.	아무르 강 하류	연해주		동해안
13000	오시포프카문화			
10000		고토기		
9000		?		
8000	마린스카야문화			
7000	말르이쉐보문화	루드나야	루드나야 유형	
6500			세르게예프카 유형	
6000			베트카 유형	적색마연압날문토기·무문양토기
		보이스만문화		융기문·오산리토기
5000				
4700		자이사노프카 문화	서포항 상층문화	송전리 I~II기 지경리 I~III기
3800				

부와 석촉, 옥기 등이 동일 평면에 놓여 있다. 춘천 교동 유적은 동굴이 주거지로 사용되었다가 폐기 후 시신을 매장한 무덤으로 사용된 것으로 보고되었다.[14] 토기는 평저로 구연부에 찍은 문양이 있는 오산리식토기이다. 이와 유사한 성격을 보이는 것이 쵸르토브이 보로타 유적으로, 주거지 폐기 후 무덤으로 사용된 점은, 특히 인골 주변에서 출토되는 많은 장신구 등은 이를 추정 가능케 한다.[15] 그런 점에서 춘천 교동 유적은 토기의 특징이나

14 金元龍, 「春川校洞 同居遺蹟과 遺物」, 『歷史學報』 20, 1963, pp. 5~10.

15 Алексеева Э.В., Андреева Ж.В., Вострецов Ю.Е., Горшкова И.С., Жущиховская И.С.,

무덤 양상으로 보아 주거지 폐기 후 무덤으로 사용한 연해주의 세르게예프카 유형의 무덤 전통을 잇고 있는 것으로 보인다.

그런데 춘천 교동 유적은 정확하게 누구의 무덤일까? 이것은 연해주의 세르게예프카 유형 사람이 남긴 것이라기보다는 이미 재지화되어 오산리식토기를 사용하던 사람들의 것으로 생각된다. 왜냐하면 춘천 교동 유적에서는 결합식 낚싯바늘이 출토되는데, 연해주에는 없는 한반도의 유물로 생각되기 때문이다.

한반도 동해안의 신석기 유적은 태백산맥 동쪽의 동해안가를 따라서 입지한다. 연해주의 루드나야문화, 아무르 강 하류의 말르이쉐보문화의 유적들도 태평양 연안으로 흘러 들어가는 강을 매개로 한 곳에 입지한 유적들이 많다. 아무르 강 하류에서부터 연해주까지도 시호테알린 산맥을 경계로 유적들이 동쪽에 위치해 있다. 이것은 동해안을 따라서 사람이 이동한 결과일 것이다. 만약 그렇다면 아무르 강 하류부터 동해안까지 인간이 이동할 수 있는 루트가 상정되어야 한다.

그런데 러시아의 흥미로운 연구가 있다. 태백산맥의 북쪽 연장선상인 시호테알린 산맥을 따라서 해양 루트를 설정한 것이다.[16] 시호테알린 산맥을 따라서 고금속기시대의 토성부터 발해 시기의 석성까지 성들이 많이 남아 있는데, 선사시대부터 중세시대에 이르기까지 산맥을 따라서 남북 방향으로 이동한 해안로 루트와 해안가를 따라서 배로 이동했을 것이라는 연안 루트가 있었다고 보고 있다. 시호테알린 산맥은 1차산맥(백두대간) 북쪽에 위치

Клюев Н.А., Кононенко Н.А., Кузьмин Я.В., Худик В.Д., *Неолит юга Дальнего Востока: Древнее поселение в пещере Чертовы Ворота*, НАУКА, 1991, с. 113~122.

16 Дьякова, О.В., *Военное зодчество Ситотэ-Алиния*, Москва, Восточная литература РАН, 2009.

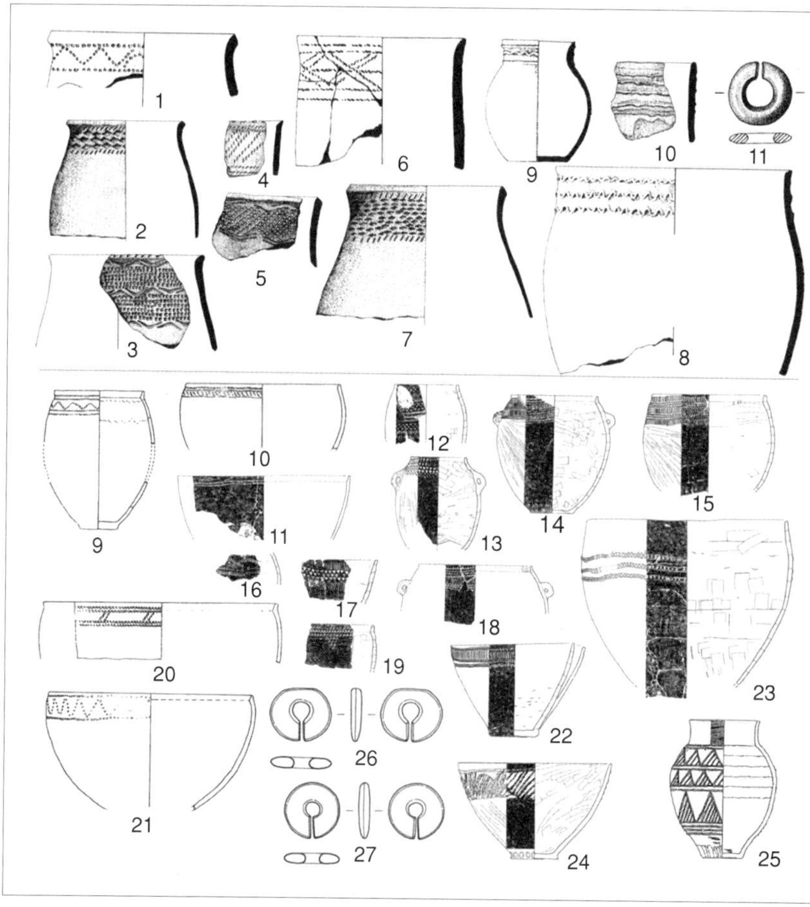

그림 4 연해주 세르게예프카 유형과 동해안의 오산리식토기 및 융기문토기[1·6·8·9 : 쉐클라예보 7유적, 2·3·5·7 : 세르게예프카 1유적, 4·10 : 시로틴카 유적, 11 : 쵸르토브이 보로타 유적, 9·10·20·21 : 오산리 A·B지구, 16~25·28~30 : 문암리 VII-1층, 26·27 : 문암리 02-3호(축척 1/6)]

하여 서로 연결돼 있으며, 아무르 강 하류부터 한반도 동해안까지는 태평양을 매개로 한 같은 생태환경권이다. 그렇다면 이러한 루트가 시호테알린 산맥을 따라서 한반도 동해안까지도 연결되지 않았을까?

배로 이동이 가능했을 것이라는 직접적 증거가 죽변 유적과 오산리 유적의 C지구에서 출토되었다. 죽변 유적의 IV문화층에서 통나무배가 보고되었고, 이 층에서는 신석기시대 적색마연토기 및 무문양토기 등이 다량으로 출토되었다. 물론 죽변은 오산리와 관련성이 깊은 것으로 생각되어[17] 이 글에서는 제외했지만, 한반도 동해안에서 배를 사용했다는 것을 방증하는 자료로 볼 수 있다. 동해안의 최북단 신석기시대 유적인 문암리에서 대략 40km 떨어진 곳에 해발고도 1,638m 이상의 금강산이 위치한 것을 상기한다면, 아무르 강 하류나 연해주에서 해안로를 따라서 내려온 육로보다는 연안을 따라서 배로 이동하는 것이 훨씬 용이했을 것으로 생각된다.

앞서 문암리 02-3호에서는 결상이식과 접시형토기가 출토되었는데 전자는 연해주 세르게에프카 유형, 후자는 아무르 강 하류의 말르이쉐보문화와 관련된 것으로 보았다. 문암리의 결상이식이 확인된 층은 문암리 유적의 전체 층에서 오산리식토기와 융기문토기가 가장 중점적으로 확인되는 층이지만, 적색마연토기와 무문양토기도 상당량을 차지하고 있다. 이러한 점으로 미루어 6,500~6,000년 전에는 아무르 강 하류에서, 곧이어 6,000년 전에는 연해주에서 동해안으로 이동한 문화가 함께 나타나는 곳이며, 이 문화가 연속적으로 확인되는 곳이 문암리 유적으로 생각된다.[18]

(3) 5,000년 전 이후 연해주와 동해안

동해안에서는 평저의 융기문토기와 오산리식토기가 6,000년 전부터 5,600년 전까지 계속해서 사용된다. 그 이후 약 1,000년간 동해안에는 신석기시

17 임상택, 「동남해안지역의 신석기시대 조기 문화-죽변 유적을 중심으로」, 『한국 동남해안의 선사와 고대문화』, 제40회 한국상고사학회 학술발표대회, 2012년 10월 26일.

18 김재윤, 앞의 논문, 2015.

대 유적이 확인되지 않다가 대략 4,700년 전에 지경리 유적, 송전리 유적 등에서 평저토기가 아닌 중서부지방의 첨저토기가 주로 확인된다. 더 이상 환동해문화권의 영향을 받지 않는 것으로 생각된다.[19]

이 시점에 동해안의 북쪽 두만강 유역과 연해주에는 자이사노프카문화, 서포항 상층문화가 존재했다. 어떤 이유인지 정확히 밝혀지지는 않았지만, 동해안에서 평저토기는 더 이상 출토되지 않았기 때문에 환동해문화권의 지역 범위가 축소되었다고 볼 수 있다.

연해주 및 두만강 일대에서는 자이사노프카문화와 서포항 상층문화에서부터 농경이 시작된 것으로 보고 있다. 이 시기의 농경은 이웃한 중국 길림이나 만주지역으로부터 확산되었을 것으로 본다.[20] 이전의 수렵채집사회의 사람들과 달리 연해주의 생업형태 변화가 초래되어 농경사회로 재편되어 가면서 한반도 동해안으로는 평저토기문화가 더 이상 확산되지 않았을 것으로 판단된다.

(4) 한반도 청동기시대 시작과 두만강 유역

남한의 청동기시대 시작과 관련이 있는 지역으로 생각되는 곳이 환동해문화권 중 두만강 일대 및 연해주이다. 남한의 청동기시대 개시를 알리는 표지유물은 돌대각목문토기(사진 1-4~6)인데, 이 토기의 기원지로 지목되는 곳

---

19 김재윤, 「연해주와 동해안 지역의 신석기토기문화 비교」, 『韓國新石器硏究』 20, 2010, pp. 20~22.

20 Вострецов Ю.Е., “Взаимодействие морских и земледельских адаптаций в бассейне Японского моря,” *Российский Дальний Восток в древности и средневековье: открытия, проблемы, гипотезы: Открытия, проблемы, гипотезы-Владивосток*, Издательство Дальнука ДВО РАН, 2004.

사진 1 두만강 유역과 한반도의 돌대각목문토기(1~3 : 흥성 유적, 4~6 : 정선아우라지)

이 두만강 내륙의 일대 및 연해주로 환동해문화권에 속하는 지역이다.[21] 현재 한반도 청동기시대의 시작 연대는 기원전 15세기부터로 보고 있다.

두만강 유역의 흥성문화나 해안가의 마르가리토프카문화, 동북한의 청동기 유적에서 출토된 토기는 함경북도 범의구석 유적에서 대각이 부착된 적색마연토기를 제외하고는 거의 발형토기나 구연부가 외반된 옹형토기 등이

21 김재윤, 앞의 논문, 2014.

가장 기본이 된다.[22] 그리고 이 지역의 토기는 대부분 주거지에서 출토된 것이다. 아직까지 이 단계의 무덤은 확인된 예가 없다.

한편 한국에서 출토되는 돌대각목문토기의 기원지로서 주목을 받는 요녕지역문화로 마성자문화도 있다. 하지만 요녕지역의 청동기시대 문화는 발형의 평저무문토기문화권이 아닌 삼족기문화권에 속하며 이 마성자문화도 이웃한 고대산문화, 하가점하층문화 등 삼족기문화권에서 영향을 주고받은 흔적이 토기에서 확인된다. 만약 한반도 마성자문화 계통이 돌대문토기문화에 영향을 주어서 형성했다면, 왜 마성자문화 계통의 삼족토기 등 주거지 출토품이 남한에서는 확인되지 않을까? 그리고 마성자문화 계통의 사람들이 들어와서 주류를 이루었다면, 한반도 남부의 청동기시대 초기에는 왜 무덤을 만들지 않았을까?[23]

동북지방 청동기시대 문화에서는 주거지와 무덤 출토의 토기가 뚜렷이 구분된다.[24] 주거지 출토품에는 삼족기가 많지만 보고된 중국 자료에는 삼족토기 도면이 실리지 않는다. 게다가 도면 위주로 무덤출토품을 편년하면서 삼족토기에 대한 이해가 없는 경우가 많다. 그러나 주거지와 무덤 토기부장 양상이 다르다는 것은 염두해 두어야 할 부분이다.

한반도 남부의 남강, 미사리, 정선 아우라지 등지에서 무문토기가 외부로부터 들어왔다고 생각하게 되는 가장 큰 원인은 신석기시대와는 전혀 다른 기형의 변화이다. 중서부 이남의 첨저 혹은 원저 등 신석기시대 전통의 기형

---

22 김재윤, 「동북한 청동기시대 형성과정」, 『동북아역사논총』 32, 2011, pp. 300~304.

23 아직까지 남한 청동기시대의 가장 이른 단계 무덤은 전기 후반(平郡達載, 『무덤 자료로 본 청동기시대 사회』, 서경출판사, 2013, p. 195), 남강은 전기로 보고 있다(송영진 · 하용인, 「청동기시대 전기 마성자요소의 한반도 유입 일 양상」, 『韓國考古學報』 92, 2014, pp. 27~29).

24 趙賓福, 『中國東北先史文化硏究』, 우지남 역, 도서출판 考古, 2011, pp. 170~179.

과는 다른 편평한 바닥이 형성된 발형토기가 등장하기 때문일 것이다. 실제로 미사리나 최근 발굴된 중도 유적 등에서 신석기시대 원저토기와 발형의 돌대각목문토기가 공반된다. 이를 기점으로 한반도 청천강 이남의 토기 기형이 변화하며 구연부에만 문양이 남은 무문토기가 등장한다. 서북한의 돌대각목문토기 기형과 남한의 것이 서로 달라서 기원으로 보기 힘들다는 지적[25]에 압록강 유역의 토기 기형은 재지적인 전통이 크기 때문에 토기의 기원을 구하는 데 큰 의미가 없다[26]고도 하지만, 남강 유역의 유적에서 출토된 매부리형 석기, 방추차,[27] 적색마연대부토기,[28] 장방형 석도,[29] 어은 107호 주거지 출토 발형토기,[30] 강원도의 적색마연토기[31] 등은 동북한 및 두만강 유역의 홍성문화와 관련이 있다. 동해안의 정선아우라지 유적은 돌대문토기가 출토되는 유적 가운데서 가장 이른 자료이다. 남한에서는 서북한과 동북한의 특징을 보이는 문물의 요소들이 모두 보이고 있으며, 자료가 증가할수록 더 늘어날 것이다. 특히 마성자문화 계통이나 쌍타나문화의 요소로 파악되는 것이 남한에서 나타날 때 이는 서로 다른 문화권에서 나타나므로 그 특징이 더 도드라질 수밖에 없다. 신석기시대에 비해 청동기시대의 지역

25 김재윤, 「韓半島刻目突帶文土器의 編年과 系譜」, 『한국상고사학보』 46, 2004, p. 50.

26 千羨幸, 「한반도 돌대문토기의 형성과 전개」, 『한국고고학보』 57, 2005, pp. 83~85.

27 김재윤, 「동북아시아의 신석기시대에서 청동기시대로의 전환기 연구」, 『북방사논총』 8, 2005, pp. 126~129.

28 裵眞晟, 「無文土器文化의 成立과 系統」, 『嶺南考古學』 32, 2003, pp. 29~31.

29 위의 논문, p. 28.

30 裵眞晟, 「豆滿江流域文土器의 實相」, 『嶺南考古學』 42, 2008, p. 94.

31 朴榮九, 「中部地域 突帶文土器文化의 展開樣相-江原嶺西地域을 中心으로」, 『韓國上古史學報』 75, 2012, pp. 44~45.

성이 강해지므로 외부 특징이 더 잘 드러나는 것이다.

따라서 5,000년 전 이후부터 환동해문화권의 범위가 두만강 유역으로 축소된다. 그러다가 기원전 15세기 이 지역의 문화는 다시 백두대간을 따라서 동해안으로 진출하게 된다. 그러한 정황으로 나타난 표식유물이 돌대각목문토기이고, 청동기시대에 돌입하게 된다.

이때의 환동해문화권 역할은 다소 신석기시대와는 차이가 있다. 신석기시대 아무르 강 하류나 연해주에서 동해안으로 이동한 것은 대산맥과 바다를 매개로 하는 생업 형태와 관련이 있으며 같은 평저토기문화권 내에서 이루어진 것이다. 하지만 청동기시대에 두만강 유역이나 동해안에서 확인되는 문화는 그 배경이 된 자이사노프카문화와 지경리 II식 단계가 각각 평저토기문화권 및 첨저토기문화권으로 들어간 것으로 문화권이 다르다. 즉 기원전 15세기가 되면서 다시 확장되는 환동해문화권의 영향은 문화권 외부로 뻗어 나간 것으로 볼 수 있다. 그 배경은 기온변화와 관련이 있는 것으로 연구된 바 있다.[32]

(4) 환동해문화권의 선사시대 아이덴티티 표상 : 극동전신상토우

환동해문화권에 속하는 두만강 하류에 위치한 서포항 유적에서 비상하게 생긴 토우가 출토되었다. 이 토우는 입상이며, 머리와 몸통이 따로 제작되어 사람으로 생각되었지만, 성별을 알 수 없고, 머리 정수리가 뾰족하고, 머리와 몸통이 각을 이루고 있다. 도대체 이 토우는 왜 이런 모습을 하고 있으며 (사진 2-1, 2-2), 무엇을 의미하는 것일까?

인접한 중국 동북지방에서는 특히 남성상의 토우가 존재하지 않고 여성상이 주류를 이룬다. 동북아시아 사람 모양의 토우는 머리와 몸통을 보통

---

32 김재윤, 앞의 논문, 2004, p. 60.

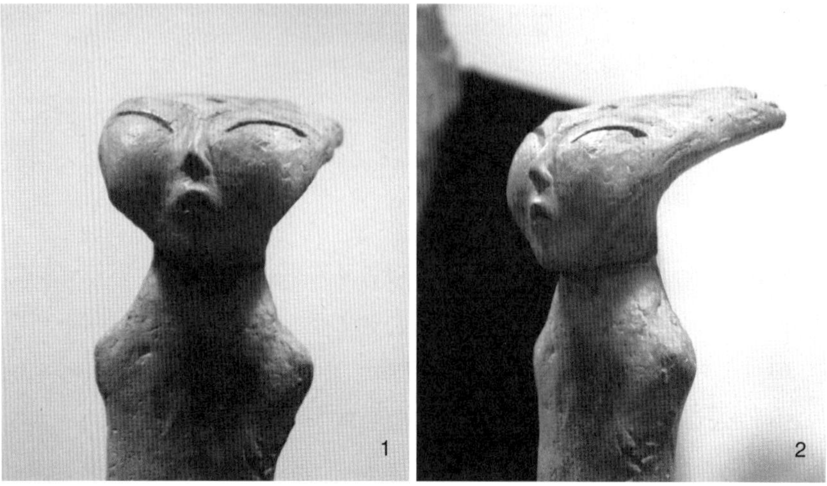

사진 2 아무르 강 하류에서 출토된 토우(1·2 : 콘돈유적 출토)

인간과 마찬가지로 일직선으로 부착하는데, 반면에 앞서 설명한 토우는 무성인 사람 모양으로 머리와 몸통에 부착되는 방법 등에 차이가 있어서 다른 형상이다. 따라서 이러한 토우를 '극동선신상토우'라고 명명했고, 성性을 표현하지 않는 특징을 포함한다. 아무르 강 하류, 연해주, 두만강에서만 출토되기 때문에 환동해문화권의 신석기에서 청동기시대까지의 아이덴티티를 표현하는 것으로 보인다.

극동전신상토우는 아무르 강 하류의 7,000년 전 신석기문화인 말르이쉐보문화에서 최초로 등장한다. 이 토우는 동북아시아 신석기시대 최고最古의 인물상 토우이다. 그 이후에 6,000년 전부터 시작되는 콘돈문화에서 눈썹과 코가 더욱 뚜렷해진다. 몸체를 수직으로 관통하는 구멍이 하단에서부터 있는데, 나무를 끼워서 토우를 세우기 위한 기능과 관련된 것으로 생각된다. 아무르 강 하류의 신석기 후기 문화인 보즈네세노프카문화에서도 극동전신상토우가 확인된다. 가늘게 표현된 눈, 눈썹과 코가 연결되어 표현된 점

그림 5 환동해문화권의 토우

등은 콘돈문화의 것과 유사하다. 현재의 자료에는 신석기시대 이후 아무르강 하류에서는 극동전신상토우가 확인되지 않는다.

하지만 연해주에서도 극동전신상토우가 확인되는데, 신석기시대에서는 확인되지 않으며 청동기시대인 리도프카문화와 서포항 아래층과 상층에서 확인된다. 연해주 리도프카문화의 토우는 얼굴과 몸통의 형태가 보즈네세노프카문화의 것에서 발전된 양상을 보인다. 머리 정수리가 뾰족하게 표현되

사진 3 나나이족 나무인형

기까지, 연해주와 두만강 하류에서는 청동기시대 전기까지 전해진다고 볼 수 있다. 또한 특정적인 동물형 토우가 아무르 강 하류부터 동해안까지 출토되는 것은 비슷한 자연환경을 바탕으로 어로를 중심으로 한 생계경제가 공유되어 환동해문화권이 형성된 것으로 볼 수 있다.

하지만 한반도 동해안에서는 극동전신상토우가 아직 출토된 예가 없다. 한반도 전체가 다른 동북아시아지역에 비해 토우의 출토량이 많지 않은 편이지만 동해안은 토우가 많이 출토되는데, 앞으로 출토될 것을 예상해 본다.

그런데 선사시대 토우는 왜 만들어졌을까? 토우는 동북지방의 다른 여러 지역에서도 확인되는데, 요서지역 홍륭와문화의 백음장한 유적에서는 주거지의 노지 아래에서 출토된 적이 있다. 다른 유적에서도 주거지나 특별한 유구에서 출토됨을 볼 때 집과 관련된 의례와 관련이 있었을 것이다. 또한 아무르 강 하류의 토우는 아무르 강 하류에 현존하는 나나이족과 니기달족 등 여러 민족이 제사를 지낼 때 사용하는 나무로 만들어진 인형(사진 3)이 있는데, 얇은 동체부와 머리 표현 등이 신석기시대 출토물과 유사하다는 연구가 있다.[34] 이들 민족은 19세기 후반 러시아인들에게 동화되기 전까지 수렵채집생활을 하던 사람들로, 의식주 생활습관이 오랜 기간 지속되었다는 점을 참고할 수 있다. 목우는 집과 가족, 부엌의 불씨를 보호하는 의미로 각 가정에 세워 놓았다. 극동전신상토우도 주거지 내에서 확인된다는 점에서 볼 때 민족지자료와 같은 의미로 사용되었을 것이다.

현대처럼 모든 일상을 사진이나 글로 남기는 행위가 없던 시대에 환동해문화권을 이해하는 고고자료로서 극동전신상토우는 환동해문화권의 선사시대 인물의 표상이다. 물개형 토우나 곰형 토우는 대산맥과 동해에서 얻을 수 있는 자연물 또는 사냥물로서 그들의 생업을 말없이 표현하고 있다.

3. 철기시대 단결-크로우노프카문화와 한반도 중도식무문토기

환동해문화권은 5,000년 전 이후부터 급속하게 문화권의 범위가 신석기시대에 비해서 연해주 및 두만강 일대로 줄어드나 (초기) 철기시대가 되면서 다시 한반도 강원도와 관계망이 형성된다. 이때 연해주 및 목단강 일대에 존재했던 것이 단결-크로우노프카문화이며 한반도 중부지방의 중도식무문토기이다.

34 Окладников А.П. Медведев В.Е., "Раскопки в Сакачи Аляне," *Археологические открытия 1980 года*, институт археологи РАН, с. 201~203.

(1) 무단 강 유역의 단결문화와 연해주의 크로우노프카문화

연해주의 철기시대 문화로는 얀콥스키문화, 크로우노프카문화, 폴체문화가 존재한다. 그중 크로우노프카문화는 무단 강 유역의 단결문화와 같은 문화로 여겨진다. 그 고고학적 특징은 단단한 무문토기, 나무그루터기형 파수가 부착된 발형토기, 시루, 고배, 마제석기, 철제도구, 한국식세형동검 등이다. 또한 呂자형과 凸자형 주거지, 주거지 내부의 터널식 노지 등이 온돌의 기원[35]으로 주목받고 있다. 또한 단결-크로우노프카문화는 『삼국지三國志』의 위서魏書 동이전東夷傳에 전하고 있는 옥저로 비정되었다.

이 문화의 분포 범위는, 북쪽의 경계가 드보랸카 3유적이 크로우노프카문화에 포함되지 않기 때문에 중국 쑤이펀허 강綏芬河과 연해주의 아르세니예프카 강, 남쪽은 마천령이다. 서쪽 경계는 쑤이펀허 강의 서쪽에 위치한 노부령맥을 경계로 한다.[36]

쑤이펀허 강은 중국에서 러시아 국경을 가로질러 흐르는데, 하류는 연해주의 아무르 만과 합류한다. 쑤이펀허 강을 중심으로 대성자 유적과 단결 유적이 존재하고, 이 강의 지류인 크로우노프카 강변에 크로우노프카 1유적이 위치한다. 이 주변은 단결-크로우노프카문화 유적의 최대 분포지이며, 두만강 주변에도 단결-크로우노프카 유적이 알려져 있다.

무단 강 유역의 대표적인 단결 유적은 초기철기시대부터 발해까지 형성된 유적이다. 단결문화층에서 9기의 주거지가 확인되었다. 주거지 간에는 고배와 주상파수부 토기의 형식 변화가 보인다. 단결 유적의 주거지는 그 평면 형태가 장방형이며 대략 크기는 30~50m^2 정도이다. 주거지 내부에는 화단火檀으로 알려진 터널식 노지가 확인된다. 유적에서 오수전이 출토되어 유

---

35 송기호, 『한국의 고대 온돌』, 서울대학교출판부, 2006.

36 이것은 단결문화에서 동강 유형을 분리한 결과이다.

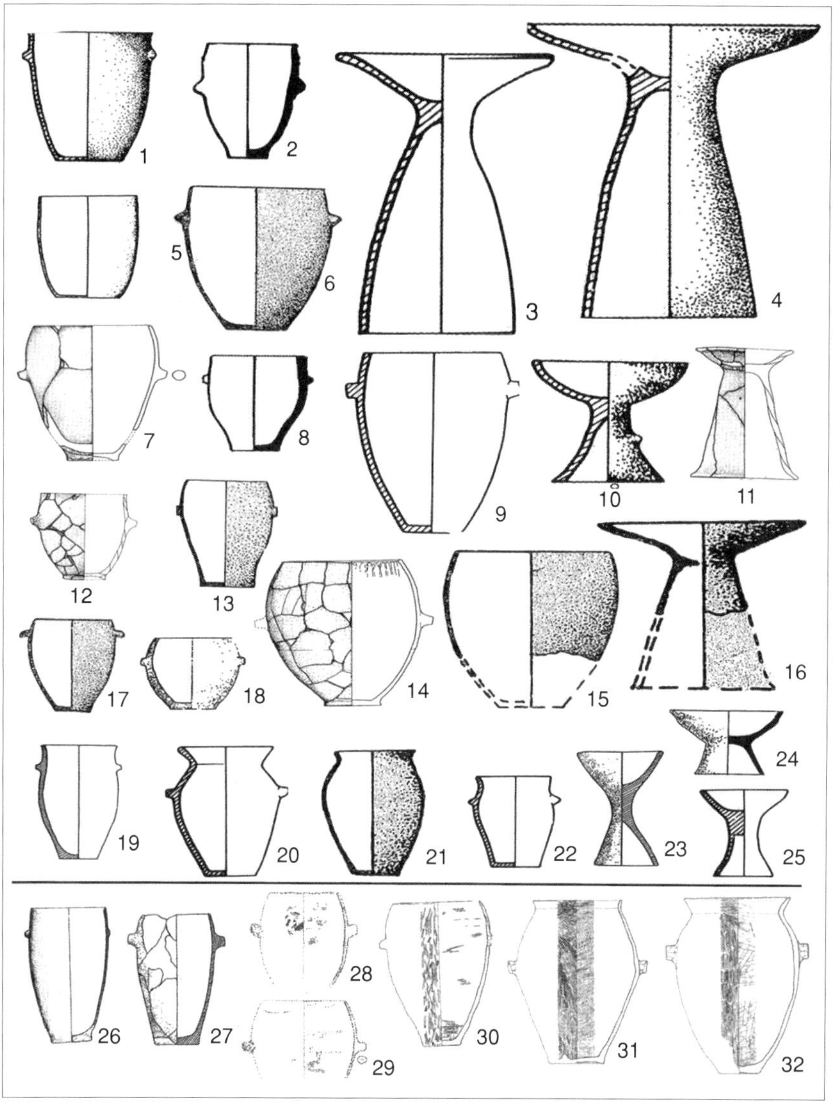

그림 7 단결-크로우노프카문화(1~25)와 중도식무문토기의 토기(26~32) (1·4·10 : 대성자, 2 : 크로우노프카 57년, 3·9 : 단결하층 1기, 5 : 웅장, 6·15~17 : 크로우노프카 68년, 7·14 : 불로치카 15-나, 8 : 키예프카 3호, 11·12 : 불로치카 14, 13 : 페트로바, 18 : 안전, 19 : 하알, 20·22·25 : 단결하층 2기, 21 : 키예프카 1호, 23 : 호곡 7호, 24 : 키예프카 5호, 26 : 오동 17호, 27 : 초도, 28·29 : 철정리, 30 : 신매리, 30·31 : 율문동)

적의 단결문화 시기가 대략 기원전 4~5세기에서 2세기까지 해당된다고 보았다. 대성자 유적에서도 단결문화의 주거지가 2기 확인되었는데, 주거지 내에서 터널식 노지가 추정된다.

러시아의 대표적인 단결-크로우노프카문화 유적은 크로우노프카1 유적, 코르사노프스코예2 유적, 아누치노1 유적 등이 있다. 북한에서는 회령 오동 6호, 호곡 5기의 주거지, 초도 유적에서도 단결-크로우노프카문화가 확인된다. 크로우노프카1 유적에서 呂자형 주거지가 확인되었고, 2002년 발굴에서는 부뚜막 시설도 확인되었다.

단결-크로우노프카문화의 대표적인 주상파수부 발형토기와 고배형토기를 분석한 결과 각각 3기로 나뉜다. 주상파수부 토기는 단결문화 이전 단계인 중국 길림의 류정동 유형에서 영향을 받았고, 고배형토기는 크로우노프카문화 이전인 얀콥스키문화에 이미 존재하고 있었다. 따라서 이 문화는 유정동 후기 요소에 얀콥스키문화를 받아들여서 형성된다.

1기에는 두만강 유역의 호곡 5기, 쑤이펀허 강 유역의 대성자 1호, 단결 1기 6호, 노보고르데예프스코예 유적 등이 있다. 얀콥스키문화의 하한과 노보고르데예프스코예 유적의 절대연대를 참고로 해서 기원전 7세기부터 시작된다. 2기는 두만강 유역과 연해주의 바다와 가까운 강, 섬 등에서 나타나며 강 주변에서 해안가까지 확산되는 현상이 보인다. 불로치카 유적의 절대연대를 참고로 한다면 2기는 기원전 4~3세기부터 시작된다. 3기는 연해주 전체에서 보이는데, 키예프카 1호의 절대연대와 단결 하층 2기에서 출토된 오수전의 연대로 판단할 수 있다. 오수전은 전한 선제시대(74~49 BC)의 제작품인데, 3기가 이 동전의 제작연대보다 이를 수 없으므로 대략 기원전 1세기 중반부터 시작된다. 하한은 키예프카 1호의 절대연대를 참고로 한다면 기원후 1세기 중반에서 2세기까지이다.

단결-크로우노프카문화는 옥저 혹은 북옥저로 비정되는데, 러시아에서도 그대로 받아들여진다. 옥저가 등장한 삼국지는 3세기 중반에 진나라의 진수陳壽가 쓴 것으로 알려져 있다. 동이전의 동옥저조에는 한무제 원봉 2년(기원전 109년)에 옥저성으로 현토군을 삼았다는 기사로 보아 기록의 옥저는 기원전 2세기부터이다. 따라서 단결-크로우노프카문화의 전 시기를 옥저로 보기는 힘들며 동옥저전에서 옥저가 등장하는 기원전 2세기부터 옥저로 보는 것이 타당하다.[37]

그런데 이 현상을 문헌의 기록과 연결해 볼 수 있다. 위지 동이전의 옥저 생활상에 대한 기록에 따르면, 옥저의 특산품은 맥포, 소금, 물고기, 해산물이었고, 고구려에 특산물로 조세를 바치는 것으로 되어 있는데 이를 집중해 볼 필요가 있다.[38]

고구려가 이보다 늦은 시기에 성립되기 때문에 단결-크로우노프카문화와 관련이 없어 보일 수도 있지만, 이미 옥저는 중국과의 교역이 성립되어 있었다. 기원전 2세기에서 서기 1세기에는 중국과의 교역 관계가 조공 형태로 나타났을 가능성이 크다. 당시 한사군 중 낙랑을 제외하고는 다른 군현은 폐지되었을 가능성이 있다. 따라서 중국 세력이 미치기 힘든 두만강 유역 및 극동에는 전-후한대에 지속적인 조공이 있었는데, 옥저 내부의 필요에 의해서 성립되었다고 볼 수 있다.[39]

즉 단결-크로우노프카문화는 기후가 한랭화되는 시점에 이주를 선택한 것이 아니라, 취락의 대형화, 보온 기능이 강화된 쪽구들이 설치된 주거지,

---

37 김재윤, 「동북한과 중국 연변지구의 초기 철기시대 문화」, 『고고학으로 본 옥저문화』, 동북아역사재단, 2008, pp. 131~132.

38 위의 논문, 같은 쪽.

39 강인욱, 「연해주 초기철기시대 크로우노프카문화의 확산과 전파」, 환동해고고학회 편, 『철기시대 한국과 연해주』, 주류성, 2009, pp. 221~223.

생산력을 높일 수 있는 철제 농기구의 도입 등으로 인해서 새로운 환경에 적응한 것이라 볼 수 있다. 기원전 2세기 때에는 중국과의 원거리 교역체계를 성립하고, 해안으로 진출해 교역물을 획득했을 것으로 생각된다.[40]

(2) 단결-크로우노프카문화와 한반도의 중도식토기문화의 관계

중도식무문토기는 김해식토기와 함께 한반도 중부지방 및 강원도를 중심으로 구연부가 밖으로 벌어지는 호형토기(외반구연호)를 표지로 하는 단단한 무문토기(경질무문토기)를 일컫는다. 한반도 남부는 와질토기문화권과는 토기의 태토나 기형 등이 확연하게 차이가 난다. 이 시점에 중부지방에서는 철기가 공반된다. 따라서 중도식무문토기가 등장하는 시점은 중부지방 철기시대의 시작 연대와 관련이 있어서 이 토기의 기원과 관련해 상당히 관심이 집중된다.

중도식무문토기의 기원에 관해서는 크게 두 가지로 나뉘는데, 그중 한 가지 의견은 주로 대동강 유역의 낙랑군 설치 이후 낙랑 유민이 이동하게 되면서 한강 유역에 등장했다는 것이다.[41] 반면에 이 토기가 등장하기 이전 시기인 송국리식토기의 전통을 중도식무문토기가 계승하고 출현한 시기는 기원전 3세기 중반에서 기원전 2세기 전후라고 하는 설이 있다.[42]

한편 경질무문토기와 동시에 등장하는 격자타날문토기는 경질무문토기의 등장 원인과 같은 논리에 의해서 그 연대를 부여 받고 있다. 최근에는 산둥 라이저우 만 일대에서 제염토기로 사용되던 회형토기에 주목하고 이 지역의 제염산업으로 인해서 산둥으로부터 유이민이 발생해서 저부가 둥근

40 위의 논문, 같은 쪽.

41 朴淳發, 『漢城百濟의 誕生』, 서경문화사, 2001.

42 李弘鍾, 「中島式土器의 成立過程」, 『韓國上古史學報』 6, 1991, pp. 70~73.

모양으로 생긴 토기가 등장하고 그 시기를 기원전으로 상향조정한 논의가 있다.[43]

중도식무문토기문화와 단결-크로우노프카문화의 관련성은 두 가지 견해로 나누어진다. 단결-크로우노프카문화가 한반도 중부지방 중도식무문토기의 성립에 크게 기여했다는 의견,[44] 그리고 두 문화가 세형동검 등으로 보아서 관련성이 인정되지만 중도식무문토기문화 성립의 주된 원인은 아닌 것으로 보는 의견이다.[45] 전자는 그 배경이 기원전 4세기경 기후하강 때문에 아무르 강 하류의 폴체문화가 연해주로 들어오게 되면서 연해주의 크로우노프카문화가 밀려나 동해안을 따라서 한반도로 확산되었다는 것이다. 후자는 기후하강으로 인해서 오히려 연해주의 단결-크로우노프카문화 사회 발전이 촉진되었으며 그 이전에는 보이지 않던 동검이 출토되는데, 이러한 현상은 이 문화의 사람들이 선택적 수용을 했던 결과로 보인다는 것이다.

우선 중도식무문토기문화와 단결-크로우노프카문화의 공통점은 토기와 주거지에서 찾아볼 수 있다. 단결-크로우노프카문화의 토기는 주상파수가 부착된 심발형토기와 호형토기, 시루, 두형토기 등이 있다. 시루는 구멍이 여러 개 뚫린 다공형이다. 토기의 형식 변화상으로 바닷가로 갈수록 늦은 시기들의 토기가 확인된다. 단결-크로우노프카문화의 2기 기원전 3세기 가량이다.

두만강과 쑤이펀허 강 부근에 존재했던 단결-크로우노프카문화의 주거지

---

43 김장석, 「중부지역 격자문타날토기와 U자형토기의 등장」, 『한국고고학보』 90, 2014, pp. 91~105.

44 A. L. 수보티나, 「한반도의 중도식토기문화와 크로우노프카문화의 비교」, 『고고학으로 본 옥저문화』, 동북아역사재단, 2008, pp. 248~250.

45 강인욱, 앞의 논문, pp. 221~223.

는 장방형 주거지가 주류를 이루지만 크로우노프카 1호, 7호, 9호, 10호는 呂자형, 올레니 1호, 2호, 4호, 키예프카 1~6호는 凸자형 주거지가 조사되었다. 이 문화의 주거지에서는 해변가에 위치한 유적을 중심으로 온돌이 확인된다. 중도식무문토기문화의 주거지는 呂자형 주거지인 것이 특징이다. 강원도의 횡성 둔내, 양양 가평리, 강릉 동덕리와 강문동 유적에서 확인된다. 이 강원도 유적에서는 중도식무문토기 문화의 또 다른 큰 요소로 지적 받고 있는 타날문토기가 공반되지 않는다.

그 원인을 기온변화에 의한 농경민의 비슷한 자연환경 지역으로의 이주에서 찾을 수 있다. 그러나 기후하강으로 인해서 반드시 이주가 발생하는 것은 아니라는 의견도 있다. 기후환경의 변화에 따라서 기존 터전에서 생존을 심각하게 위협받을 때에 주민 집단은 주로 원래 거주했던 지역의 자연환경과 기후가 가장 비슷한 곳을 선택해서 이주하는데, 이때 생존의 관건이 되는 것은 주민 집단의 적응잠재력이다. 같은 기후와 환경에 처했어도 사회구조, 주거지 양태, 농업기술, 식량 보조수단의 활용, 주변 집단과의 교류 등 여러 요소가 새로운 환경에 성공적으로 적응하는 관건이기 때문에 반드시 기후변화와 이주를 연결하는 것은 무리가 있다고도 한다. 오히려 기후가 하강함으로써 연해주의 크로우노프카 사회가 좀 더 복잡화되어 갔다고 지적하면서, 단결-크로우노프카문화가 동해안에 접촉된 현상은 한국식세형동검을 수용하는 과정에서 소규모로 일어났다고 보는 것이다.

결국 대규모든 소규모든 기원전 3세기경 또는 기원전 2세기경부터 기원후 1세기까지 단결-크로우노프카문화가 한반도 중부지방으로 유입되었다는 사실은 여러 연구에서 확인된다.

하지만 중도식무문토기 형성 배경을 이해하기 위해서는 이 문화의 또 다른 주축인 타날문토기 및 낙랑계 유물 등도 설명되어야 하므로 좀 더 많은 연구가 수행되어야 할 것이다.

(3) 단결-크로우노프카문화와 온돌의 기원

단결-크로우노프카문화의 특징은 凸자형 주거지와 함께 이 시기부터 쪽구들이 나타난다는 점이다. 단결문화에서는 화단으로 불리었고, 크로우노프카문화에서는 터널식 노지라고 불리었다. 두 문화가 같은 성격임은 토기와 주거지의 노지 구조도 그 증거가 되었다.

터널식 노지는 '一'자형, 'ㄱ'자형, 'ㄷ'자형으로 구분되며, 판석, 점토, 점토와 여러 가지 형태의 돌로 제작된 경우 등 건축 재료가 다양한 것으로 보인다. 또한 터널식 노지는 무시설식이나 위석식 또는 석상노지와 한 주거지 내에 복수로 설치되기도 한다. 터널식 노지의 형태 변화는 '一' → 'ㄱ' → 'ㄷ'으로 판단하기 쉽다. 그러나 단결 유적에서 하층 9호 주거지에서는 'ㄷ'자형, 상층 1호 주거지에서 'ㄱ'자형으로 확인[46]되어 터널식 노지의 변화가 단순하지 않음을 알 수 있다.

터널식 노지 시설의 변화에 대해 판단하기 어려움은 이미 지적된 바 있는데, 철기시대부터 여진시대까지 시대별로 파악해도 'ㄱ'자형이 주류를 이루는 것으로 보고 있다.[47] 또 단결-크로우노프카문화에서 터널식 노지가 확인되는 것은 기후하강에서 그 원인을 찾고 있다.[48] 이러한 점은 단결-크로우노프카문화인이 기후하강으로 인해서 대규모 이주를 했다기보다는 기후에 적응하기 위한 주거 시스템으로 만들었을 가능성을 뒷받침한다.

그런데 한반도의 남쪽 해안가 늑도 섬에서도 쪽구들이 설치된 주거지가 확인되었다. 늑도 유적은 중국, 일본과 교역한 고고자료가 많이 확인되는

---

46 黑龍江省文物考古工作隊 · 吉林大學歷史係考古專業, 『東寧團結遺趾發掘報告』, 黑龍江省文物考古工作隊 · 吉林大學, 1978.

47 송기호, 앞의 책.

48 Вострецов Ю.Е., 앞의 책, с. 176~177.

특수한 곳이다. 이러한 점은 단결-크로우노프카문화가 한반도 동해안뿐만 아니라 남해안으로도 그 범위가 확장되었을 가능성이 있음을 보여 준다. 이 부분에 대해서는 앞으로 좀 더 유적의 발굴 조사가 이루어져야 할 것으로 생각된다.

4. 남북국시대의 환동해문화권—발해의 동경성/염주성/크라스키노 평지성

환동해문화권이 고고학적인 여러 정황들로 다시 눈에 띄게 된 것은 남북국시대의 발해와 관련이 있다. 특히 환동해권과 관련이 있는 부분은 발해의 대외적인 활동이며, 그중에서도 동해를 매개로 한 활동이다. 이러한 특징이 뚜렷하게 고고학적으로 드러나는 곳이 크라스키노 발해평지성이다. 이곳은 문헌에서는 동경성/염주성으로 비정되고 있다.

발해는 5경 15부 62주로 이루어져 있고, 그중 동경성의 위치는 『구당서舊唐書』와 『신당서新唐書』에 의해 알려져 있다. 『신당서』에는 예맥의 옛 토에 발해의 동경성 용원부가 위치한다고 되어 있고, 『구당서』에는 동경성이 예맥의 고지이고, 동남쪽은 바다와 접해 있으며, 일본도로 가는 길목이고, 신라의 용정부와 39역이 떨어져 있다고 비정되었다. 『구당서』의 내용을 바탕으로 동경 용원부의 위치를 훈춘으로 비정했으며, 고고학 유적 중에서 팔련성을 동경 용원부로 비정했다. 그런데 동경부의 범위는 현재 국경을 기준으로 중국 훈춘지역뿐만 아니라 러시아의 연해주까지도 포함되었을 것으로 판단되고 있다. 그중에서 바다와 접하고 있는 핫산지역의 크라스키노 발해성을 동경부의 치소인 염주로 보고 있다.

문헌 상에 남아 있는 발해의 역사는 『구당서』와 『신당서』에만 약간 기술

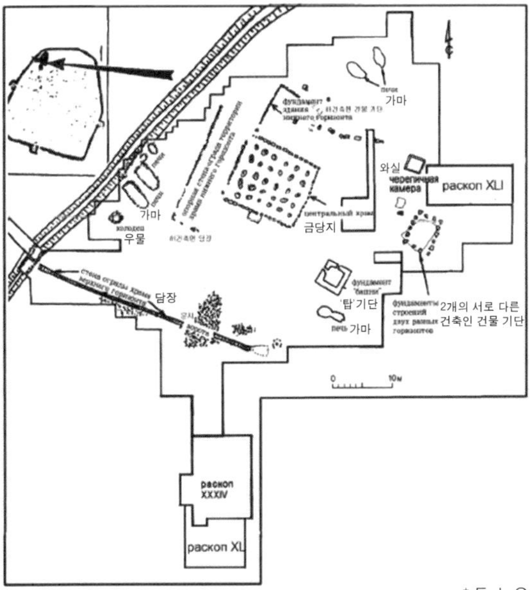

* E. I. Gelman(2010) 참고

그림 8 크라스키노 발해성과 그 부속 유구

되어 있어 역사를 이해하는 데 부족하다는 것이 주지의 사실이며, 이를 타파하고자 고고학 자료를 적극 이용한다. 환동해문화권에서 발해의 역할도 마찬가지이다.

러시아 연해주의 가장 남쪽에 위치한 표트르대제 만과 접하고 있는 평지성은 행정구역명에 따라 '크라스키노' 평지성이라고 불린다.[49] 크라스키노 평지성을 비롯해서 발굴된 고르바트카, 니콜라예프카2, 시넬리코보, 오크라인카 성은 발해성인데, 성벽 구조가 공통적이다. 성벽의 안과 밖에 돌을 쌓았고, 그 사이를 흙으로 채운 구조이다. 연해주의 성은 성의 크기에 따라서 대형과 소형으로 나눌 수 있다. 대형은 10~16km², 성벽 길이는 1,250~1,645m

49 이외에도 러시아 연해주에는 발해의 성터, 사지, 고분, 마을 유적 등이 남아 있다.

에 달한다. 소형 그룹은 1.2~7.5km²이고, 성벽 길이는 186~1,070m이다.

크라스키노 발해성은 둘레가 1.2~1.3km 정도이며, 동·서·남쪽으로 출입문이 있고, 동문이 포시에트 바다 쪽으로 설치되어 있다(그림 8). 이외에도 성에는 치가 설치되어 있다. 성의 내부구조는 발굴 조사를 통해서 알 수 있다.[50] 이 성은 바로 바다와 접하고 있는데 유적을 약간이라도 발굴하려 하면 금방 물이 차오르기 때문에 주로 지형상 가장 높은 지대인 북서쪽과 동문지를 중심으로 발굴 조사되고 있다. 그곳에서 금당지, 탑지, 와실, 기와 가마터, 우물, 대형 건물터, 도로 유구, 온돌이 설치된 주거지 등이 확인되었다. 지구물리학 자료에 따르면, 금당지의 동쪽에는 수 개의 초석건물지가 위치하는데, 행정건물지일 가능성이 크다. 주거 구역들은 단일한 평면구조가 있고 구역들 사이의 길로 구분되었다. 초석 건물들은 나머지와는 돌 기초 담장에 의해 구분되었을 가능성이 있다. 주거 구역에서는 쪽구들이 있는 지상건물지와 노지가 있는 수혈식 주거지가 조사되었다. 저장 구덩이가 있는 마당, 쓰레기 구덩이 등도 조사되었다. 크라스키노 성안 동문지 주변에서 도로도 확인되었다. 자갈돌을 깐 것과 사갈을 쓰지 않고 굵은 자갈과 함께 토기편, 기와편, 동물뼈, 조개껍질 등을 섞어서 깐 것이다.

연해주의 발해 유적 연구에서 가장 힘든 것 중 하나는 유적의 시기를 결정하는 것인데, 특히 성은 후속 시대에 계속 사용되어 초축연대를 결정하는 것이 힘들다. 크라스키노 발해성에서는 주거 구역에서 다섯 개의 문화층을 구분했는데, 제3건축면의 주거지 내에서 정요토기와 삼채 편들이 확인되어서 8세기 말에서 9세기 초로 편년되었다. 이 사실에 근거해 가장 아래 5건

50 유적의 발굴은 1980년에 러시아과학원 극동역사고고민족학연구소에서 시작했고, 1992년부터 수차례 한국과 공동 발굴했다.

축면은 8세기 초로 편년되었는데, 이를 초축연대로 보고 있다.[51]

또한 가장 아래층에서는 목탄으로 측정된 AMS절대연대가 690, 640, 740, 680A.D. 등 고르게 나와서 7세기 중반에서 8세기 전반대로 편년된다. 두 가지를 토대로 보아 8세기 초부터 이 성이 존재했다고 볼 수 있다.

크라스키노 발해성의 목탄에서 절대연대를 추정하기 이전까지 러시아 학계에서는 이 성의 연대를 8~10세기로 비정했다. 하지만 이 성에서 추출된 AMS절대연대는 이 성이 8세기 초까지 올라갈 수 있다는 적극적인 고고학 증거로 판명되었다. 연대가 확인되었기 때문에 크라스키노 성이 발해 동경성의 염주성이라고 보는 데 좀 더 정황을 제공했다고 할 수 있다.

크라스키노 발해성에서 확인된 유물은 불상과 각종 기와뿐만 아니라 기왓장 안에서 고누판, 원숭이 조각상, 도자기, 고구려형 토기, 마차 부속 유물, 철제 무기류, 찰갑, 발해 청동경, 낙타상 등이 출토되었다. 이뿐 아니라 각종 동물뼈 등이 출토되었는데, 그중 낙타뼈도 확인되었다. 이것은 낙타상과 함께 발해의 대외교역이 중앙아시아까지 뻗어 있음을 확인해 주는 유물이라 생각된다.

유적에서는 곡물과 동물뼈 등 자연 유물도 많이 확인되었다. 곡물은 연해주의 발해 유적 전체에서 14개 종의 재배식물 자료가 확보되었는데, 가장 흔한 것이 기장류이고, 밀과 보리도 많이 확인되었다. 그 밖에 강낭콩과 대두 등도 많이 확인되었다. 돼지, 개, 말, 소 등을 가축한 자료가 확보되었는데, 가장 흔한 것은 돼지이며, 개뼈도 상당수 확인되었다. 특히 개는 사냥용으로 길러졌던 것으로 보인다. 6개월이 된 강아지 무덤도 확인되었다. 식생활에서 가축의 비율이 70% 이상으로 판단되며, 야생식물과 사냥에서 얻어

---

51 E. I. Gelman, 「러시아 연해주 발해유적 발굴의 결과와 의의 The results and meanings of the excavations of Balhae Sites in Russian Primorye」, 『高句麗渤海硏究』 38, 2010.

진 먹거리도 상당수 차지한다. 크라스키노 발해성에서는 고래를 포획한 증거도 확인되었다. 또한 크라스키노 발해성뿐 아니라 고르바트카 성, 마리야노프카 성, 아브리코스 주거 유적 등에서 현재는 이곳에 서식하지 않는 아나다르Anadara inaequivalvis, Anadara subcrenata 연체동물이 확인되었다. 이것은 현대와 비교해서 발해 시기가 지금보다 따뜻한 기후였음을 입증하는 증거로 볼 수 있다.[52]

크라스키노 발해성(염주성)은 발해의 주요 교통로인 조공도, 영주도, 신라도, 일본도, 거란5도 중에서 일본도와 관련해서 주목받고 있다. 이 중에서 가장 노선이 명확한 것은 조공도, 신라도, 일본도인데[53] 1980년대 이후 역사지리학자들에 의해 조사가 이루어졌기 때문이다. 발해 교통에 관련된 중요한 성지 성격을 고증하고, 교통로의 개요를 확인했다.[54]

이 일본도는 육로와 해로로 되어 있는데, 육로는 구국(중국 지린 성 둔화)을 거쳐 동쪽 안도현(안투 현)을 지나 토문을 거쳐 책성(중국 훈춘)까지 이르는 길이 신라도와 같다. 상경성에서 출발해서 구국-안도현을 거쳐 책성에서 두만강 하구 방향으로 가서 동해안을 따라 내려오는 길이 신라도, 책성에서 바다 쪽으로 향한 길이 일본도의 육로로 주목받고 있다. 이때 출발지가 크라스키노 성으로 보고 있다. 일본도의 바닷길은 동해횡단항로, 한반도동단항로, 북회항로 세 가지 의견이 있다.[55]

일본도는 발해가 일본으로 사신을 보내기 위한 목적으로 개척된 교통로

---

52 Раков В.А., Гельван Е.И., Малакофауна бохайскоо городища Горбатка, *Археология и культурая антропология Дальнего Востока*, Владивосток: ДВО РАН, 2002, с. 127~133.

53 윤재운,「발해의 5경과 교통로의 기능」,『한국고대사연구』 63, 2011, p. 204.

54 袁輝,「泊汋口位置考」,『北方文物』 2期, 1993.

55 윤재운, 앞의 논문, p. 206.

이다. 발해는 일본에 모두 34회의 사절단을 보냈는데, 가장 대표적인 무역품이 모피이다. 일본에서는 발해의 검은 담비 모피에 관한 일화가 알려져 있는데, 더운 여름에 검은 담비 모피를 8개나 겹쳐 입고 연회에 참석한 일이 대표적이다. 이것은 일본의 생필품을 수출했다기보다는 검은 담비가 위신재로서 역할을 했고, 발해와 일본과의 외교 역학관계를 설명하는 에피소드라 볼 수 있다.

즉 크라스키노 발해성은 환동해문화권에서 발해가 영위되면서 새로운 지역이 영입되는데 그곳이 바로 일본이며, 외교 활동이라는 배경으로 환동해문화권이 형성되어 그 이전 시기와는 문화권 형성의 배경에 차이를 드러내고 있다.

5. 맺음말

환동해문화권의 시대에 따른 문화 범위를 살펴보았다. 현재의 고고자료로 보아서 이 문화권이 성립된 시점은 6,500년 전부터이다. 이러한 정황이 포착되는 유적은 오산리 유적 가운데서도 C지구 최하층과 망상동, 문암리 유적 등에서 확인되는 적색마연압날문토기와 무문양토기가 출토되는 곳이다. 이 토기는 동해안 신석기 토기 중 가장 이른 것으로 토기 제작 방법 중 마연 방법과 시문 방법 및 일부 기형 등이 아무르 강 하류의 말르이쉐보문화 토기와 관련이 깊다.

기존에 알려진 한반도 동해안의 오산리식토기와 융기문토기는 토기 제작 방법 중 시문 방법, 시문 범위와 기형이 연해주에서 융기문토기와 구연압날문토기가 공반된 루드나야문화의 세르게예프카 유형과 비교된다. 문암리에서 출토된 결상이식은 세르게예프카 유형의 쵸르토브이 보로타 유적에서도 출토되었다. 동굴 주거지로 폐기 후, 무덤으로 사용된 연해주의 예가 춘천 교동에서도 확인된다. 루드나야문화의 세르게예프카 유형 절대연대와 동해안 2유형의 중심연대를 비교해 본다면 6000B.P. 무렵에 관련이 있는 것으로 생각된다.

각 지역 토기의 제작 방법, 토우, 장신구, 동굴 주거지 폐기 후 무덤으로 전용하는 전통 등은 문화권의 공통성을 드러낸다. 하지만 동해안 토기 중 특정 기형이나 파수, 대형 석도, 결합식 낚시 등은 동해안의 지역성이 드러난다. 이러한 정황으로 볼 때 동해안 신석기 문화변동은 평저토기문화권의 환경 변화에 따른 수렵·채집민이 6500~6000B.P. 무렵에 아무르 강 하류, 뒤이어 6000B.P. 무렵에 연해주에서 각각 동해안으로 이동하여 재지화된 것으로 볼 수 있다.

6,500~6,000년 전의 환동해문화권의 범위가 아무르 강 하류에서부터 동해안까지로 가장 넓다. 문화권의 형성 배경은 수렵·채집민의 생계활동과 관련이 있을 것으로 생각된다.

5,000년 전 이후부터 그 이전까지 한반도 동해안에 영향을 미치던 평저토기가 더 이상 출토되지 않으며, 중서부지방의 토기가 강원도에서 나타나게 된다. 이때 환동해문화권의 범위는 연해주와 인접한 무단 강 유역과 두만강 유역으로 한정된다. 이 배경은 생업 형태의 변화와 관련된 것이다. 두만강 유역 및 연해주 일대에 5,000년 전 이후가 되면 자이사노프카문화가 등장하면서 수렵채집사회가 농경사회로 재편하게 되면서로 생각된다.

하지만 기원전 15세기 무렵부터는 다시 한반도의 중서부지방에 두만강 유역 및 환동해문화권의 문화가 파급되면서 한반도 남부는 청동기시대에 진입하게 되며, 평저 발형의 무문토기를 사용하게 된다. 이때 문화권의 영향은 아주 짧은 기간 동안이며, 기원전 10세기 무렵에 마성자문화가 들어오게 되면서 더 이상 이 지역의 문화가 나타나지 않는다.

철기시대가 되면 한반도 강원도 및 중부지방에서 보이는 중도식무문토기의 기원을 연해주 크로우노프카문화에서부터 찾으려는 시도가 보인다. 이 문화는 옥저로 비정되는데, 두 지역이 관계를 가지는 것은 사실이지만 사회를 바꾸는 큰 원동력이 되지 못한다는 지적도 있다. 이때가 기원전 3~1세기이다. 이 시점이 환동해문화권의 관계망에 대한 이해가 가장 약한 것으로 생각된다.

남북국 시기가 되면 환동해문화권은 발해의 외교와 관련이 깊어지는 것으로 생각된다. 그 중심에 있는 유적이 크라스키노 동경성의 염주성이다. 이는 일본으로 진출하기 위한 교두보 역할을 하게 된다. 더욱이 발해의 남쪽 국경은 신라와 맞닿아 있고, 발해의 주요 교통로 중에 신라도도 있었다. 일본도의 육로 부분은 공통적으로 사용했던 것으로 판단되고 있다. 이러한 정황은 환동해문화권의 입장에서 본다면 환동해문화권의 영역이 일본까지도 확장되었으며, 그 배경에는 발해의 외교관계와 무역이 관련되어 있었음을 알 수 있다.

환동해문화권은 시대에 따라 미치는 영역의 범위는 차이가 있지만, 동해를 매개로 하고 시호테알린 산맥과 백두대간을 근간으로 하는 자연환경은 유사하다. 문화권의 형성 배경은 선사시대는 생업체계와 관련이 있으며 철기시대 이후에는 외교관계 및 무역이 중요한 역할을 한 것으로 생각된다.

하지만 철기시대 이후와 남북국시대 이전 사이에 대가야 연명이 형성된 배경으로 부여가 동해안 루트를 따라서 남하해서 가야연맹체에 대변혁을 가져왔다는 논의[56]도 환동해문화권의 입장에서 연구할 필요가 있을 것이다.

---

56 申敬澈, 「三韓 三國時代의 東萊」, 『東來區誌』, 東萊區誌編纂委員會, 1995.

사유이다.

병을 고치고 싶다거나 죽은 자의 원을 풀어 준다거나 하는 것이 무속신앙의 주된 역할이다. 그러므로 무속신앙에는 그 사회 구성원들의 우주를 인식하는 방법이 깃들어 있다. 이 글에서는 생명과 죽음을 둘러싼 인식을 중심으로 환동해지역 문화기층 저변의 원리적 요소를 추출하고 그 변용 양상에 대해 고찰하고자 한다.

2. 환동해지역, 죽음의 인식과 기층문화의 특징적 요소

(1) 능동적 종교행위로서의 샤머니즘shamanism

시베리아, 특히 바이칼지역의 샤머니즘은 환동해지역(동북아시아) 샤머니즘의 뿌리로 인식된다. 브랴트족의 샤머니즘은 현재까지도 그 전모가 비교적 잘 보존되어 있고, 특히 신화 등 구비문학을 통해 확인이 용이하여 동북아시아 샤머니즘의 심장이라 표현되기도 한다.[1]

양민종은 "교회에서 일정한 사물이나 사람들을 매개로 유일신과 접촉을 보장한다고 설파를 하며 바로 이것이 샤먼적 세계관을 통한 기독교의 변질"이라고 말했다. 그러나 가톨릭을 포함한 기독교의 십자가, 묵주, 성수 등의 매개물이나 사제가 환동해지역에 당도하여 생겨난 것이 아니라 서구에서부터 존재하는 것이었음을 생각하면, 샤머니즘과 기독교가 아주 다른 것이라기보다는, 정도의 차이는 있을지언정 매개물이나 사제의 역할은 종교가 가지는 공통적 특질이라고 보는 것이 합리적일 듯하다. 물론 이것을 정도의 문제로 볼 것이냐는 문제에 대해서는 이의가 있을 수 있으며 또한 좀 더 심화된 논의

1 양민종, 『샤만 이야기』, 정신세계사, 2003, p. 30.

가 필요할 것이다. 다만 환동해지역 샤먼이 기독교에 비해 많은 매개물을 사용하는 것은 사실이다. 그러나 그보다 더 주목해야 할 부분은 양민종 자신도 언급한 바와 같이 그 접촉의 능동성 혹은 직접성에 있다.

그리스 신전에서는 신탁의 물음을 구하는 자나 신관들이 신을 찾아가지 않고 신의 강림이나 메시지를 기다린다. 이러한 형태는 아프리카에서 광범하게 발견되는 주술자의 모습이나 그리스 신화의 세계를 포함한 고대 유럽 남부와 게르만, 스칸디나비아 등 동북유럽의 고대신앙도 비슷하다. 그러나 환동해지역의 샤머니즘은 샤먼의 특성상, 능동적으로 접신接神한다. 샤먼의 접신이나 영혼여행 역정은 환동해지역에서 멀어질수록 약해진다.[2]

종교적 능동성은 샤먼의 능력에 따라 좌우된다. 샤먼은 신과 정령들의 초월적 세계와 직접 소통할 수 있는 남다른 능력을 갖춘 개인으로, 각 민족 또는 부족 안에서 전승된 '샤먼의 재능'에 의해 자신들의 이념체계와 다양한 의례, 특수한 복장과 도구를 소유한 존재이다. 종교적이고도 초자연적인 신앙체계로서 샤머니즘은 개인적인 엑스터시의 경험으로 구체화되며 모든 샤먼의 의례는 개인의 깊은 무의식의 층에서 나온 것이다. 샤먼의 트랜스의 본질에 대해서는 특별히 연구된 것이 없지만 세상의 진리에 근접한 천재적인 예술가의 영감과도 같은 것으로 보는 학자도 있다.[3]

환동해지역의 샤먼, 특히 시베리아 알타이부족의 샤먼과 한반도의 샤먼은 독특한 소질을 요하는 것으로 알려져 있다. 샤먼의 자질은 일종의 병의 형태로 발현된다. 갑자기 권태감이 몰려오고 손발이 저리거나 떨린다. 이상한 하품이 이어지고 가슴을 졸이며 아픈 사람이 외치는 독특한 소리를 내거나 눈

2 위의 책, p. 43.

3 라리사 파블린스카야, 「시베리아 샤머니즘의 역할, 기능 그리고 현재 상황」, 『하늘과 땅을 잇는 사람들』, 국립민속박물관, 2011, p. 294.

을 뒤룩거리다가 갑자기 벌떡 일어나기도 하고, 홀린 듯이 구르거나, 입안 가득 거품을 물고 지면에 쓰러지며, 마치 뇌전증腦電症인 것처럼 괴로워하며 돈다. 손발의 감각이 없어지고 무엇이나 닥치는 대로 움켜쥐며, 새빨갛게 단 것이나 뾰족한 것을 삼키고도 태연하다. 그 사람이 신을 받아들이고 나면, 그러한 증상은 서서히 사라진다. 이러한 현상은 야쿠트인이나 여타의 시베리아 민족에서도 나타난다.[4]

샤먼이 되기 위한 과정이 되는 이 증상은 한국에도 '신병神病'이라는 형태로 존재한다. 실제로 많은 무속인들이 같은 과정을 겪고 무속인이 되었다고 말한다.

(2) 현세지향적 내세관

같은 아시아권이라도 인도의 토속종교들은 대부분 인간의 삶을 고난이나 번뇌라는 틀로 보았다. 인도의 모든 종교가 현세의 괴로움으로부터 구제와 해탈을 구하고 있는 반면, 중국인들은 현세의 즐거움에 집착하며, 한국인과 일본인 역시 이러한 감각적 구조 안에 있다. 돈을 중시하는 중국인의 이미지 역시 이러한 점과 무관하지 않을 것이다.

필요에 따라 신을 불러내거나 쫓아내는 종교적 능동성은 '인간중심적' 또는 '현세중심적'인 태도라고 말할 수 있을 것이다. 이러한 현세중심적 경향은 환동해지역 전역에 나타난다. 한국 속담에 "개똥밭에 굴러도 이승이 낫다"는 표현이 있다. 일본어와 중국어에도 비슷한 속담이나 관용어구가 존재한다. 일본어의 "命あっての物種(목숨이 있고서야 모든 일이 가능하다)", 중국어의 관용어 표현으로 "好死不如赖活着(잘 죽는 것이 버티고 사는 것만 못하다)"

---

4 우노 하르바, 『알타이 민족들의 종교적 표상 – 샤머니즘의 세계』, 박재양 역, 보고사, 2014, pp. 446~451.

라는 말이 그러한 인식을 표상한다.

한편 러시아 극동의 사하인들은 사람들이 사후에도 현세의 생업을 계속한다고 믿었다. 그러므로 사후에도 유목과 사냥을 행하며 사회조직 방식도 씨족별로 이루어지고 신들조차 같은 방식으로 조직되어 있다고 상상했다.[5] 매장할 때는 망자의 물건을 부수거나 구멍을 내어 함께 매장했고, 시간을 포함하여 모든 것이 현실세계와 반대라고 믿었기 때문에 현실이 밤이면 사후세계는 낮이고, 지상이 겨울이면 사후세계는 여름인 것으로 보았다. 지하세계는 지상과 비슷한 환경이지만 정반대로 상상되기도 했다.[6]

물론 러시아 극동지역과 시베리아지역의 부족들이 모두 같은 세계관이나 일률적인 샤머니즘을 가지고 있는 것은 아니지만, 부랴트 등 알타이 계통의 부족들은 환동해 여타 지역과 매우 유사한 문화적 요소들을 보인다. 나나이족은 죄업이나 사후 갚음에 대해 어떤 관념도 지니고 있지 않으며, 모든 알타이 계통의 민족들도 이 점에서 유사한데, 예외적인 것은 외래 종교와 접촉한 것이라는 의견이 제시되고 있다. 부랴트 등 다른 알타이 계통의 부족들 대부분의 사후관 속에 존재하는 저승에는 "펄펄 끓는 솥 안에" 몸부림치는 "샤먼", "벌거벗은 채 가시 다발을 안고 있는 여자", "가난한 것 같지만 행복한 듯한 여자", "유복한 듯한 모습을 하고 있지만 굶주림으로 괴로워하는 듯한 여

5 강정원, 「시베리아 소수민족의 생사관 — 사하인들을 중심으로」, 『동아시아 기층문화에 나타난 죽음과 삶』, 민속원, 2001, p. 258.

6 위의 논문, pp. 206~261. 강정원은 "사하인들에게는 죽음에 대한 인식이 발달하지 않았으며, 죽음을 담담히 받아들이는 것으로 나타났다" 고 말한다. 그러나 죽음에 대한 인식이 발달하지 않았다는 표현은 근대적 관점의 산물이다. 강정원 자신이 같은 글 안에서 표현하고 있는 것처럼 사하인들 역시 죽음을 두려워했다. 죽은 혼령이 자신을 괴롭히거나 데려가는 것을 무서워하며 이를 방지하고자 그 대비책으로, 시체를 처리할 때 가족들도 묘지로 잘 따라가고자 하지 않으며, 가더라도 오래 머물지 않고 뒤돌아보지도 않는다.

자" 등이 존재한다.[7] 극동·시베리아지역 알타이 계통 부족의 사후관에서, 죽은 후의 세계가 고통스러운 것으로 표현되고 있다는 것은 현세에 머물고 싶은 인간의 욕망을 반증하는 것이기도 하다.

일본의 경우, 사후세계를 '아노요あの世'라고 한다. 이것은 한국어의 '저세상'에 해당하는 말로, 일반적으로는 막연하게 사후의 세계, 이 세계와는 다른 장소를 나타낸다. 그런데 야나기타 구니오柳田国男에 따르면 일본인의 관념 속에서 사자死者는 다른 먼 곳으로 가는 것이 아니라 가까운 산에 머물며 조상의 영으로서 농경의 주요 절기마다 마을로 내려온다는 생각이 강하다고 한다. 야나기타의 『선조이야기先祖物語』에는 저세상이 현세에 비하면 조용하고 청결한 장소이자 현세의 일상생활에 극히 가까운 장소이며, 걸어서 돌아올 수 있는 거리에 있다.[8]

또한 일본의 구전설화(隠れ里伝説, 鼠浄土譯, 竜宮譯 등) 속에는 산 너머, 바닷속, 땅속에 별세계 또는 유토피아가 있다는 생각이 존재했다. 일본의 초기 매장 방식은 주로 일정 기간 가사 상태를 상정하여 시신을 가매장(모가리, 殯)했다. 이것은 상가에 머무르는 영혼이 다시 시신으로 돌아올 수 있도록 하고 별도의 사악한 것이 그 시신에 깃들지 못하게 하는 것인데, 이러한 풍습은 한국의 고대 장례 방식에도 유교식 장례 방식에도 공통적으로 그 흔적이 남아 있다.[9]

한편 중국인들의 경우는 좀 더 적극적으로 현세지향적인데, 그들은 현세로 사자의 혼魂과 백魄을 불러오고자 했다. 우리는 흔히 유교가 공자로부터 시작되었다고 배웠다. 그러나 유교는 공자 이전부터 하나의 원형으로 존재하

---

7 우노 하르바, 앞의 책, pp. 354~355.

8 成海俊, 「日本思想における死生観研究」, 『退溪學論叢』 24, 2014, pp. 173~197.

9 김시덕, 「일본의 화장, 불교식 장례」, 『불교학연구』 16, 2007, p. 187.

고 있었다. 이것을 원유原儒라고 한다. 원유의 본질은 샤먼이었다. 원시유교의 샤먼은 냄새가 좋은 향을 태워 하늘에 있는 혼을 부르고, 술을 뿌려서 땅속의 백을 불렀다. 이렇게 돌아오는 장소가 위패다. 이러한 문화적 광경은 죽은 사람이 재생할 수 있다는 이론에 따라 죽음의 공포를 해결하는 방식이었다. 그들은 분리되어 있던 혼과 백을 일치시킴으로써 삶의 상태로 만들고자 했다. 인간의 육신이 사후에 썩어 뼈만 남으면 이 중 두개골은 남겨 두고, 나머지 뼈를 땅에 묻었으며, 그것이 발전하여 무덤이 되었다. 그리고 제삿날에 남겨둔 두개골을 꺼내어 살아 있는 인간의 머리에(할아버지일 경우 손자에게) 씌우고는 죽은 사람으로 여기는 양 거기에 혼과 백을 깃들게 했다. 이 의식을 관장했던 것은 '유儒'라고 하는 샤먼이었다.[10]

무속의례는 선하고 고마운 신만을 모시는 것이 아니다. 악신이 싫더라도 모시지 않으면 탈이 날 수도 있다는 믿음 때문이다. 악신을 모시는 것은 이들 신들이 지닌 성격의 포악함을 통하여 인간에게 닥칠 수 있는 예고되지 않은 질병이나 운수 사나운 일들로부터 보호받고 싶은 욕망 때문이다.[11] 이것은 현실에서 화를 피하기 위해 거칠거나 악한 사람과의 관계를 나쁘지 않게 유지하는 것과 같은 맥락이라고 볼 수 있다.

중국인들은 현실에 밀착한 오관五官, 五感의 세계를 최우선으로 한다. 미인을 보고 싶고, 좋은 음악을 듣고 싶으며, 맛있는 음식을 먹고 싶고, 좋은 향기와 촉감을 즐기고 싶어 한다. 이것은 슬픔과 고통뿐 아니라 기쁨과 즐거움까지도 사바세계의 번뇌로 보는 불교적 사생관과는 매우 다른 것이다. 가지 노부코加地伸行는 이것이 기본적으로 불교의 사생관이 환동해지역의 기층문화

---

10 가지 노부유키, 『유교란 무엇인가』, 김태준 역, 지영사, 1996, pp. 29~30.

11 최용수 · 김정호, 「아시아지역 무속의례의 신화수용 연구」, 『한민족어문학』 46, 2005, p. 38.

와는 맞지 않았다는 것을 의미한다고 말한다.[12]

알타이부족의 사후관과 중국의 사후관 성격이 모두 현세지향적이라고 해도, 완전히 일치한다고 말할 수는 없다. 알타이부족의 사후관은 내세도 현세와 비슷할 것이라는 상상력의 한계를 반영하는 정도이지만, 중국인 등 유교권의 현세지향성은 보다 적극적이어서 현세가 가장 좋은 곳이라는 인식이 반영되어 있다. 이러한 요소들은 이승에서 잘 살아야 한다는 훈계일 수도 있지만, 뒤집어 이야기한다면 "개똥밭에 굴러도 이승이 낫다"라고 하는 의식의 발로이기도 하다.

(3) 생명의 인식론

존엄사를 인정하지 않거나 이미 의식이 없는 환자의 생명을 연장하고자 하는 노력은 세계 어느 곳에서나 보이는 현상이지만, 환동해지역의 경우 이러한 현상이 두드러지게 나타난다. 이와 같은 생명인식은 "개똥밭에 굴러도 이승이 낫다"고 하는 인식과 관련이 있다고 생각된다. 한국의 경우, '김 할머니 사건'[13]으로 대표되는 생명연장에 관한 인식이 존재한다. 결과적으로는 대법원에서 승소했지만, 이 사건은 어떤 형태로라도 살아 있는 것이 낫다는 한국인의 생명인식에 관한 뿌리 깊은 신념을 보여 준다. 근대화를 겪는 과정에서 생

---

12 가지 노부유키, 앞의 책, pp. 26~27.

13 「'존엄사' 김 할머니 의료진 과실 무혐의」, http://news.naver.com/main/read.nhn?mode=LSD&mid=sec&sid1=102&oid=038&aid=0002093005(2015년 11월 23일 검색).
대한민국 헌법재판소 판례 참고(2008헌마385) : 김 할머니는 2008년 2월 폐암 조직검사를 받다가 과다출혈로 식물인간이 되었다. 자녀들은 김 할머니의 연명치료 중단을 요구하여 재판한 결과, 2009년 5월 21일 대법원에서 승소했다. 김 할머니는 인공호흡기를 뗀 뒤 생존하다가 2010년 1월 10일 사망했다. 김 할머니는 지속적 식물인간 상태에 있으면서 병원의 중환자실에서 인공호흡기를 부착한 채 살고 있었다. 할머니의 자녀들인 청구인은 연명치료의 중단을 요청했으나 병원 주치의 등은 위 요청을 거부했다.

명의 존엄함을 경시하는 것으로 보이기도 하는 중국 역시 존엄사를 법률로 금하고 있다.[14]

안락사가 허용되지 않는 고국을 떠나 스위스에서 죽을 권리를 행사한 외국인이 1998년 이후 1,749명에 이르는 것으로 집계된 가운데, 『이코노미스트』가 여론조사기관을 통해 집계한 바에 따르면 러시아와 포르투갈을 제외한 13개국에서는 존엄사 찬성이 우세한 것으로 나타났다. 그중 일본은 존엄사에 찬성하는 국가에 속하기는 하지만 그중 가장 순위가 낮은 13번째 국가였다.[15] 물론 이러한 인식을 그저 하나의 요인으로 묶어서 생각할 수는 없지만, 그 근원에는 오랜 전통 속에서 만들어진 공통적 생명인식이 하나의 요소로 존재한다는 점을 생각해 볼 수 있다.

삶과 죽음은 일반적으로 가장 극명하게 갈리는 대립적 표상이다. 물론 삶이란 그렇게 기쁨으로만 가득 찬 것은 아니다. 샤머니즘은 삶의 기쁨을 표현하는 영역이라기보다는 고통을 치유하는 영역이라는 측면에서 죽음에 가까운 것이라고 말할 수 있다. 예를 들어 한국의 대표적인 정서로 꼽히는 '한恨'이 무속적 영역에서 가장 직접적으로 해원解寃된다는 점을 생각해 봐도 그렇다.

하지만 환동해지역의 생명인식이 생물학적 생명에 고정되어 있는 것은 아니다. 하순애는 무속적 생명 개념을 생물학적 접근과 다른 의미지평을 여는 것에서 출발해야 한다고 주장한다. 그는 샤머니즘 안에서 삶과 죽음은 모두 '생명'의 한 형태이며, 생물학적 죽음인식에 익숙한 현대인들에게 죽음은 생명의 끝, 생명 없음을 의미하지만, 샤머니즘에서의 생명은 그 지평을 달리하는

---

14 「中国安乐死合法化这么近又那么远」, http://t.cn-healthcare.com/article/20150915/content-477931.html(2015년 11월 23일 검색).

15 「스위스 안락사 여행자 1,749명…… 전 세계 찬반 논란 가열」, http://www.yonhapnews.co.kr/international/2015/08/15/0606000000AKR20150815058500009.HTML(2015년 10월 14일 검색).

개념이었고 현재도 그러한 인식은 남아 있다고 말한다. 무속적 사유에서 식물인 나무와 무생물인 바위, 귀鬼까지도 생명의 의미지평 안에 놓고, 우주적 차원의 생명은 "살아 있음"이고 단적으로 "있음"을 의미한다고 말한다. 무속적 개념 안에서 바람이 "있음"은 바람에 생명이 있다는 것을 의미하는 것이다.[16] 샤머니즘적 사유 안에서 죽음은 생명의 순환 과정 안에 있는 것이다.

베르그송H. Bergson은 생명이 인식의 대상일 수 없으며 증명적evident인 것이어서, 직관Wesensanschaung에 의해 이해될 수 있을 뿐이라고 말했다. 생명이라는 개념의 용례를 생각하면 진교훈이 예로 든 "육체적 생명", "정신적 생명", "우주적 생명", "영원한 생명" 등과 같이 다양한 범위를 가진 생명 개념이 있다는 것을 인식할 수 있다. 우리가 일상생활에서 흔히 말하는 "사회적 생명" 등의 표현도 생명 개념의 연장선에 있다.[17]

이것은 천국과 지옥을 가르는 기독교의 인식 방법과 매우 다르다. 샤머니즘적 인식 영역에는 유일신이 존재하지 않는다. 세상 모든 움직이는 것들에 신이 깃들어 있다고 믿는 애니미즘animism이 샤머니즘의 근간이기 때문이다. 환동해시역에서 피로 피를 씻는 종교전생이 일어나시 않았던 것은 이 시역의 전통적 종교관이 현세중심적이고 범신론적인 생명인식에 근간을 두고 있기 때문이었다고 생각된다.

3. 유교와 죽음의 인식

환동해지역의 죽음에 대한 인식이 현세적인 것은 샤머니즘에 국한된 것이 아

16 하순애, 「무속사상의 관점에서 본 생명의 의미」, 『철학논총』 40, 2005, pp. 345~358.

17 진교훈, 「철학에서 본 생명」, 『생명연구』 1, 1993, p. 26, 30.

니다. 유교사상도 같은 맥락에서 죽음을 바라보고 있다.

유교는 현실적이고 즉물적인 세계관에 입각하여 죽음을 설명하고자 했다. 현세가 최고선인 중국인들은 죽음 뒤에도 어떻게든 현세에 돌아올 수 있다는 방향으로 생각하게 되었으며, 삶과 죽음의 경계를 통할 수 있다고 생각했다. 그들은 인간을 정신과 육체로 분리하여 정신의 주재자魂와 육체의 주재자魄가 나뉜 것을 죽음이라고 보았다. 호흡이 정지하면(심장사) 함께 있던 혼백이 분리되어 혼은 하늘로, 백은 땅 아래로 돌아가는 것, 이것이 중국인이 생각한 죽음이었다. 그러나 현세지향적 사생관을 가진 중국인들은 혼을 이승으로 끌어들여 생명을 부여하는 방식을 고안해 냈다. 그것은 뼈를 소중히 하는 의례로 나타난다.[18]

아직 그 인양 문제가 해결되지 않은 세월호 사건을 통해서도 환동해지역의 현세적 사생관死生觀을 엿볼 수 있다. 어떻게 해서든 시신을 인양하고자 하는 열망은, 죽은 넋이 돌아올 수 있는 장소로서의 백魄에 대한 애착이다. 물론 시신을 중시하는 것은 세계 어디서나 볼 수 있는 현상이겠지만, 혼백이 결합하고 분리되는 과정을 문화적으로 이론화하고 체계화한 것은 유교의 독특한 특성이다.

유교의 근본 사상 중 하나인 '효孝'의 문제를 생각해 보면, 효는 살아 있는 부모에게 잘 하는 것만을 의미하지 않는다. 죽은 조상을 잘 모시는 제사의 문제가 있다. 현재의 상주喪主도 언젠가는 죽어 조상신의 반열에 오를 것이기 때문이다. 모든 조상신은 자손의 제례에 의해 재생될 수 있기 때문이다. "부모님이 살아 계실 때 손자를 안겨 드려야 효도"라는 사고방식도 결국은 죽은 뒤에 현세로 되돌아오는 현세지향성의 결과라고 말할 수 있을 것이다.

---

18 가지 노부유키, 앞의 책, pp. 25~28.

불교는 자아의 실재성과 영혼의 불멸성을 부정하지만, 윤회의 연속성을 주장함으로써 고통받는 주체의 생명의 연속성을 강조한다. 불교는 모든 개체를 원인과 결과를 초래하는 인과적 발생 과정의 한 상태로 파악한다. 그리고 인과적 발생 과정을 벗어나서 독립적으로 존재하는 실체의 관념을 부인한다. 따라서 불교에서 말하는 정신의 불멸은 참된 실재로서의 정신이 불멸한다는 의미가 아니다. 윤회가 계속되는 동안 개체는 끊임없이 형태와 위상을 달리하지만 그 인과관계에서 오는 고통을 지속적으로 겪는 주체로서 연속성을 가진다. 그러므로 정신은 윤회가 끊어지지 않는 한 연속되는 고통의 주체를 의미한다. 윤회의 인과적 사슬을 끊으면 고통의 주체로서 정신도 더 이상 존재할 수 없다. 그러므로 불교의 주체는 제한적으로만 불멸하며, 그 연속성에는 '업業'이라고 하는 고통이 따른다.

5. 기독교의 유입과 죽음 의례

서구의 기독교 문명권 내의 국가들이 서로 간의 관계를 통제하기 위해 만들었던 국제법이 비유럽지역의 국가들로 확대되면서 유럽은 국제법의 주체로 상정되었다. 여기서 '국제표준' 혹은 '문명국 표준주의'라는 문제가 자연스럽게 대두되는데, 이 과정에서 비서구권 국가들은 서구의 문명 기준에서 요구하는 조건을 갖추지 못했다고 판단되어 그 영역 밖에 놓이게 되었고, 문명의 신성한 의무sacred trust of civilization라는 미명하에 서구 문명국가의 '보호' 대상으로 전락했다. 이질적인 문명은 하나의 문명 기준에서 볼 때 '야만'이나 '미개'에 불과하기 때문이다. 이것은 유교와 한자를 중심으로 하던 중화문명권의 관점에서 본다면 문명의 표준이 완전히 역전되는 것을 의미하는 것이었다. 이러한 문명 표준의 역전은, 환동해지역 각국의 지식인층으로 하여금 열패의식과 자강의식의 충돌 속에 놓이게 만들었으며, 그 가운데 자신의 기층 문화를 돌아보게 하는 계기를 만들기도 했다.

이러한 시기에 기독교가 환동해지역에 유입되었다. 줄리아 칭Julia Ching의 지적처럼, 기독교는 매우 배타적인 종교로 유교·불교·도교·신도의 정신구조를 가진 개인이 기독교로 개종한다는 것은 자신의 과거와 '단절'해야 하는 일대 사건이었다.[22] 환동해지역에 기독교가 유입된 것은 대략 근대 서양이 동아시아를 점했던 1840년 이후의 일이다. 그 이전에도 한국, 중국, 일본에 전파되었으나 정치력과 경제력을 갖지 못했을 뿐 아니라 한국의 경우를 제외하면 두 나라 모두 그 활동이 일단 정지되었다. 환동해지역에서 기독교가 받아들여진 형태와 규모는 지역별로 큰 차이가 있다.[23]

그러나 과학기술과 함께 서구의 제국주의 진출 시 한 축을 담당했다는 점에서 기독교를 단순히 종교 전파의 여부로만 파악해서는 안 될 것이다. 예컨대 기독교는 로마 국교로 승인된 이후 교리가 서양인의 사상에 맞게 변화 조정되었다. 2,000년 가까이 유럽인에 밀착되어 그들의 사고와 문화를 지배해 온 기독교는 서세동점의 시기에 환동해지역에도 커다란 영향을 미치게 된다.

교리상 기독교의 죽음은 아담과 하와의 원죄에 의해 발생한 결과로, 유교의 죽음이 혼과 백으로 나뉘는 것과 매우 비슷하다. 성경은 인간의 죽음에 대하여, 흙에서 났으니 흙으로 돌아갈 것이며, 영혼은 그것을 주신 하느님께 돌아간다(전도서 12:7)고 말한다. 그리고 예수라는 메시아Messiah가 나타나 그 원죄를 사함으로써, 부활과 사후의 영생을 제시하게 된다.

환동해지역에 기독교가 유입되기 시작한 초기, 왕권과 신분제 위협 등 공

22 줄리아 칭, 『유교와 기독교』, 변선환 역, 서광사, 1993, p. 259.

23 민두기, 「근대 동아시아에서의 기독교도 : 그 존재양태의 개관」, 『아시아문화』 4, 1988, pp. 5~6.

적인 차원의 문제점과 함께 민간 차원에서 가장 문제가 되었던 것은 죽음을 인식하고 기리는 방법이었다. 중국의 경우에도 기독교에 대해 처음부터 탄압이 있었던 것은 아니다. 명말의 선교사였던 마테오 리치Matteo Ricci는 기독교와 중국의 전통적 의식의 절충점을 찾고자 했으며 중국의 제사를 인정했고, 궁정으로까지 진출, 강희제康熙帝의 극진한 호의를 얻기도 했다. 그러나 로마의 선교사나 가톨릭 성직자들이 제사 문제에 대해 비타협적으로 맞서는 바람에 양측은 긴장관계에 놓이게 되었다. 결국 교황청이 양자택일을 강요하자 강희제 역시 그들에게 명을 따르거나 중국을 떠나도록 명하기에 이른다.[24]

1784년 조선의 이승훈이 북경에서 세례를 받고 귀국한 후 천주교 집회가 발각되어 1785년에 이들이 검거되는 사건이 있었다. 또 1791년에는 '신해진산사건辛亥珍山事件'이라 불리는 사건이 발발했다. 당시 전라도 진산의 윤지충이 자신의 어머니가 사망했는데 제사를 지내지 않아 고발된 사건이다. 이 시점에서 관방 차원의 기독교 박해가 시작된 것으로 전문가들은 보고 있다. 기독교적 가치관과 유교적 가치관이 정면으로 충돌한 사건이라고 볼 수 있을 것이다.[25]

민두기가 지적한 바와 같이 동아시아의 기독교도는 사회적 약자를 보호하는 자, 개혁자, 민족주의자로 이미지화되었다.[26] 가톨릭 선교기관은 1850~60년대에 걸쳐 상하이와 같은 대도시에 고아원이나 자선기관을 많이 설립했는데, 1867년 상하이에 세워진 육영당은 1935년까지 약 1만 7,000여 명을 수용했고, 톈진, 칭다오, 광저우 등지에도 많이 설립되었다. 그들은 버려진 어린아

---

24 유장근, 「절충과 충돌 : 근대 중국의 기독교」, 『대구사학』 73, 2003, p. 100.

25 신의연, 「한국과 중국 초기 기독교 수용시기 현지인 서술에 관한 고찰」, 『인문학연구』 86, 2012, p. 279.

26 민두기, 앞의 논문, pp. 87~117.

이를 길렀으며 질병 치료, 기근 구제와 같은 종합적 복지기관의 성격을 띠게 되었다.[27]

1840년 이후 환동해지역에 새로이 유입되기 시작한 기독교는 서세동점西勢東漸으로 표현되는 정치적 영향력과 경제력을 배경으로 하고 있었다. 기독교는 근대화와 맞물려 유입되면서, 기존의 기층문화로서의 무속신앙을 미신으로 밀어낸다.

기독교의 초기 선교사들은 포교 수단으로서 학교와 병원을 설립했다. 이것은 특히 중국과 한국에서 서양의 과학적 사고가 필수적인 요소라는 인식을 심어 주었을 것으로 판단된다. 서양의 선교사들은 이들의 종교를 인정하지 않았으며 무당을 마법사와 비슷한 것으로 보았고 무당의 의미에 대하여 "대중을 속인다", "운명을 결정하는 사람"이라는 뜻으로 말하기도 했다. 기독교는 유일신인 야훼 이외의 다른 신을 섬기는 것은 우상으로 간주했으므로 조선 내의 무속은 모두 타파의 대상이 되었으며, 미신 타파 운동에는 기독교청년회가 큰 역할을 했던 것이 당시의 신문기사 등을 통해 확인된다.[28] 기독교청년회의 활동은 강연회가 주류를 이루었지만, 직접적 무력행사도 적지 않았다. 기독교청년회가 주축이 된 행사장 난입 또는 개인적인 방화도 적지 않았다. 이들은 대부분 지역사회의 교육과 치안을 담당하고 있었으며, 미신 타파를 주목적으로 했다 해도 과언이 아닐 만큼 강력한 세를 얻고 있었던 것으로 보인다. 그들은 당굿이 열리는 장소에 가서 실력을 행사하기도 했다. 한편 기독교사상을 차용한 사이비종교가 창궐하기도 했는데, 특히 현세의 고통을 정리하고 내세의 낙원을 약속하며 모든 재산을 바치도록 한 뒤 집단자살을

---

27 유장근, 「청말 광동지방의 사회복지기관」, 『역사학보』 151, 1996, pp. 242~243.

28 『동아일보』(1922년 2월 23일 ; 11월 5일 외 다수)와 『조선일보』(1921년 6월 11일 외 다수)의 신문기사에는 기독청년회의 미신 타파 운동에 관한 정황들이 자주 보도되었다.

시킴으로써 조선 사회를 깜짝 놀라게 했던 백백교白白敎 사건이 그 대표적 예라고 할 수 있을 것이다.

6. 결론을 대신하여

문화는 같은 국가 안에서도 정치적 또는 행정적 구분과 일치하지 않는 경우가 많고 억지로 묶을 수도 없다. 정치적 지역 개념과 문화적 개념이 반드시 일치하지도 않는다. 문화는 충돌과 분쟁의 원인이 되기도 하고, 국경과 지역을 넘어 사람의 마음을 움직이거나 열광시키는 동경의 대상이 되기도 한다. 문화의 문제가 정치 문제로 전환될 수도 있다. 환동해지역에는 매우 다양한 문화가 있고, 그것이 다양한 지점에서 교차하고 또 교류된다. 그러므로 먼저 고려할 것은 이 지역이 오랜 세월 동안 다양한 문화와 문명이 교차하는 일종의 문화와 문명의 교차점이라는 점이다.

환동해지역은 종교적으로 불교와 유교가 발전해 온 지역이며, 근대 이후 기독교의 전파가 이례적으로 활발했던 지역이기도 하다. 특히 한국에서는 기독교가 상당히 커다란 세를 얻고 있다. 중국은 공산당 정권하에서 기독교가 억압당하기는 했지만 상하이, 광둥, 홍콩 등에는 기독교도가 상당히 많다. 또한 러시아 극동지역에는 유대인자치주가 있다. 환동해지역에는 이렇듯 다양한 종교가 분포하지만, 환동해지역의 종교를 말할 때 간과할 수 없는 한 가지는 샤머니즘 또는 무속신앙이다. 중국의 풍수사상風水思想, 용신사상龍神思想 등 자연숭배적인 신앙, 한국의 무속사상, 일본의 신도신앙에 등장하는 야오요로즈노가미八百万の神와 같은 정령사상, 러시아 극동지역의 샤머니즘 등 지역 전체에 걸쳐 일상생활과 결부된, 그리고 인간을 지키는 신령한 존재들에 대한 믿음이 존재했다.

환동해지역의 샤머니즘은 주로 알타이 계통 부족들의 샤먼에 의해 전승되었는데, 종교적 능동성과 현세지향성을 특징으로 했다. 이것은 삶 자체를 고통으로 보는 인도의 종교들과 구분되는 특징이었다. 공자가 제창한 학문인 것으로 알려진 유교도 사실은 공자 이전에 존재했던 원유原儒를 원형으로 하며, 제사를 주관하던 것은 샤먼儒이었다. 종교적 능동성과 현세지향성은 이 지역의 생명인식에도 영향을 주었으며, 불교와 습착되었고, 그 영향이 오늘날까지 남아 있다. 근대 격동기를 겪으면서 환동해지역의 정신사는 기독교의 유입을 경험하게 되는데, 이때 크게 충돌한 것은 바로 죽음에 대한 의식의 문제였다.

삶과 죽음을 바라보는 시선은 모든 문화의 기저가 되는 인식이다. 환동해지역의 기층문화로서 샤머니즘을 죽음의 인식이라는 기준에 근거해 본다면, 종교적 능동성과 현세지향성이라는 요소를 찾아낼 수 있다. 이것은 외래종교와 습합하거나 충돌하면서 면면히 이어져 내려오고 있다. 이 글에서 충분히 다루지 못한 부분은 차후의 과제로 남겨 두고자 한다.

주의적 소비 패턴을 보이고 있다. 이러한 목가주의는 국가와 민족 정체성을 구성하는 자원으로 전유되기도 하고, 때로는 개인주의적 향수를 자극하는 문화적 재현물로도 활용된다.

오늘날 목가주의는 근대적 목가 전통에 연계되어 있으면서도 다양한 변화가 감지된다. 농촌공간을 둘러싼 사회관계가 변화하고 있기 때문이다. 농촌은 물적 토대와 상징적 의미체계에서 근대와 다른 맥락으로 다시 이해될 필요가 있다. 하지만 농촌공간에 대한 연구는 도시공간에 대한 연구와 비교할 때 상대적으로 많지 않은 것이 현실이다. 그것은 이제 더 이상 도시와 도시가 아닌 공간을 구분한다는 것이 불가능하거나 무의미하다는 현실적 상황 때문일 것이다. 하지만 중요한 것은 도시화가 국토의 대부분에서 일어나고 있음에도 목가주의는 사라지지 않고 있다는 사실이다.

기실 농촌공간에 대한 이해는 농촌에 대한 상상적 재현으로부터 분리될 수 없다. 농촌이 무엇인가에 대한 해명은, 다른 모든 공간들과 마찬가지로, 농촌이 무엇일 수 있으며 무엇이어야 하는가에 대한 의식적이고 무의식적인 사회문화적 해석들과 결부되어 있다. 어떤 의미에서 '농촌적인 것', 즉 '농촌성the rurality'이란, 농촌에 대한 사회문화적 재현 자체라고 해도 과언이 아니다. 농촌을 상상하고 재현하는 지배적인 대중의 감성구조와 보는 방식a way of seeing을 고찰함으로써만 농촌공간의 의미를 이해할 수 있다. 그러나 이것이 농촌공간이 지닌 물질성materiality을 말소시키는 것을 의미하는 것은 아니다.

기능공간으로서 농촌의 현실적 가치는 여전히 농촌공간을 이해하는 중요한 요소이다. 농업과 농경문화라는 특정한 시공간적 의미가 아직도 농촌을 다른 공간과 변별해 주는 주요 특징이라는 사실은 변함없이 유지되고 있다. 마찬가지로 정치경제적 네트워크에서 구성된 농촌의 가치 또한 중요하다. 그럼에도 농촌은 단순히 물리적 공간으로만 존재하지 않는다. 농촌공간을 향한 대중의 감수성, 이를테면 특정한 사회·문화·도덕적 가치를 통해 농촌공간과 농촌의 삶을 통합하는 시선들을 간과해서는 안 된다.[2] 객관적으로 존재하는 고정된 물리적 공간에 대한 이해와 사회문화적으로 구성된 탈-물질적de-materialized 공간 해석들을 결합하는 종합적인 인식 틀이 필요하다.

이러한 종합적 시각은 환동해 '농촌경관' 연구에서 중요한 참조 틀이 될 수 있다. 본디 경관이란 단순히 건조된 물리적 환경의 집합으로만 이해될 수 없다. 경관은 가시화된 공간구조에 투입된 문화적 욕망과 감정, 공간적·일상적 실천들을 통해 진정한 의미를 부여 받을 수 있기 때문이다.[3] 경관은 조성될 뿐만 아니라 새로운 의미체계를 생산하고 이동하며 다른 의미체계들과 경합한다. 공간에 대한 심미적 재현 과정 역시 이러한 경관 생산의 다원적이고 역동적인 과정의 일부라고 할 수 있다. 따라서 농촌경관에 대한 이해는 그것을 생산하고 동시에 그것을 통해 창조되는 다양한 감정과 생각들에 대한 탐찰로 구체화될 수 있다.

오늘날에는 이러한 경관의 의미를 농촌지리학의 주요 쟁점으로 인식하게

---

2 이제까지 농촌성에 대한 정의는 기능주의적 관점, 정치경제적 관점, 사회문화적 관점에서 정의되어 왔다. 이러한 관점은 크게 물질화된materialized 농촌과 탈물질화된de-materialized 농촌이라는 두 개의 시각으로 대별할 수 있다. 중요한 것은 이러한 이분법적 시각이 지닌 한계를 극복하여 물질-탈물질, 정치-탈정치적 시각들을 통합할 수 있는 가능성을 타진하는 것이다(P. Cloke, "Conceptualizing rurality," In P. Cloke, T. Marsden and p. H. Moony (eds), *Handbook of rural studies*, London : Sage, 2006, pp. 18~28 참조).

3 "일상적 용례에서, '경관' 이라는 용어는 '지표 위의 사물' 의 특수한 배열과 패턴을 의미한다. 이를테면 나무, 초지 건물, 거리, 공장, 오픈 스페이스 등이다. 약간 기술적으로 정의하면, '경관' 은 땅의 외관과 스타일을 가리킨다. 즉 경관은 가옥 유형, 나무와 초지의 배열, 혹은 장소의 질서와 구성뿐만 아니라 그 같은 질서와 구성의 사회적/문화적 중요성을 의미한다. 보다 기술적으로, 지리학자는 오랫동안 경관을 건조된 형태학built morphology(장소의 형상과 구조)으로 이해해 왔다. 최종적으로 '경관' 은 예술로서 그리고 복잡한 의미체계로서 재현의 형태를 의미한다." (데이비드 앳킨슨·피터 잭슨·데이비드 시블리·닐 워시본 편저, 『현대 문화지리학 : 주요개념의 비판적 이해』, 이영민·진종헌 외 공역, 논형, 2011, p. 112.)

되었다. 농촌이, '생산하는 공간'에서 '소비되는 공간'으로 그 성격이 근본적으로 변화한 현실사회적 맥락들과 길항하는 경관의 변화를 살펴볼 필요가 제기되는 것도 이런 맥락이다. 산업화, 도시화를 표방해 온 근대적 공간기획들에서 농촌은 농업경제를 주축으로 하는 대표적인 식품 생산지로 자리매김해 왔다.[4] 하지만 후기 자본주의 시대에는 이러한 근대적 생산주의 관점이 크게 위협받는다. 농촌공간은 이른바 탈생산주의post-productivism라는 관점에서 재배치된다. 그 결과 식량의 대량생산을 주목적으로 한 획일적이고 효율적인 농업 추구를 특징으로 하는 생산주의productivism적 관점이 해체되고, 농촌의 상품화[5]라는 현상이 강화된다.

이처럼 '생산공간'에서 '소비공간'으로 농촌경제가 변화한 것은 필연적으로 농촌경관의 변화 또한 수반하게 된다. 일례로, 이제 농촌은 생태적 상상력과 결합해 새로운 대안적 공간으로 재인식되곤 한다. 녹색필터를 통해 농촌경관이 새롭게 정립되는 것이다. 농촌은 생태학적 상상력의 물화된 공간으로 가치화되며, 생태윤리적인 덕목들이 재기입된다. 생태적 선회[6]라고 부를

---

4 근대적 생산주의는 농업을 생산의 최대화, 진보화, 식품생산 중심 산업으로 규정하며, 이에 기반을 둔 특정한 농업경관이 형성되어 왔다. 탈생산주의는 이러한 근대 농업경제의 구조를 변화시켜, 농업경제 자체를 집약화intensification에서 다변화extensification로, 집중화concentration에서 분산화dispersion로, 전문화specialization에서 다양화diversification로 선회하는 방향성을 지닌다. 이러한 변화의 배경에는 일차적으로 잉여 농산물에 대한 처리와 소비의 한계에서 비롯된 대응방법 모색이 있겠으나, 보다 주요하게는 주자원과 식품생산의 감소, 글로벌 자유시장경제, 국제화된 식품산업, 환경규제 강화라는 세계적 변화와 깊이 연결되어 있다(K. Halfacree, 앞의 논문, pp. 44~62).

5 농촌의 상품화는 농업을 넘어서beyond agriculture 광범위하게 진행된다. 즉 다양화된 사회적·정치적 과정이 구성되고 상품적 가치가 제고된다. 그것은 도시인들의 농촌공간에 대한 소비 욕망과 부합하는 것이었다. 그것은 농촌적인 것을 소비하는 행위인데, 공예품뿐만 아니라 경관, 장소, 사람 등 농촌문화의 모든 것들이 소비의 대상이 되었다(위의 논문, p. 56).

6 목가적인 농촌은 농촌공간 자체를 생산의 장소가 아닌 소비의 장소로 재현하며 이는 일하

수 있는 이러한 흐름은, 농촌을 자연과 인간의 조화로운 공존을 제시하는 탈생산주의적 생태공간 이미지로 그려 낸다.

아울러 농촌공간에 대한 기존의 목가 전통들도 점점 더 강화된다. 실제로 오늘날에도 가장 지배적인 농촌 이미지들의 대부분이 전통적인 농촌과 도시의 대립관계 속에서 생산되고 있다. 도시와 대조를 이루는 농촌의 이미지가 끊임없이 재생되는 것이다. 물리적인 농촌경관 위에 비경쟁적이고, 친밀한 공동체가 유지되고, 자연과 인간이 평화롭게 공존하는 안정적이고 지속적인 공간 이미지가 덧씌워진다. 농촌은 "안정감과 소속감을 제공함으로써, 번잡하고 건강에 해로운 도시환경과 무질서하고 사회적으로 불안정한 도시 사회로부터의 탈출구"[7]로 상상된다. 농촌과 낭만적인 유토피아라는 비전이 결합된다.

물론 이러한 농촌경관이 대중의 감정구조 속에 자리하게 된 데에는 텔레비전, 영화, 문자 등과 같은 대중매체의 영향력이 존재한다. 대중매체는 도시와 시골이라는 대립적인 지리적 상상력을 끊임없이 반복함으로써 농촌경관 혹은 농촌성의 재현을 주도해 왔다.

하지만 농촌에 대한 이러한 낭만주의적 재현은 실제 농촌현실을 은폐하거나 배제하는 결과를 가져왔다. 잘 다듬어진 농촌경관은 목가적 풍경에 균열을 내는 이질적 요소들을 감춘 결과이다. 가령 농촌 공동체의 이상은, 농촌의 빈곤계층과 반목가적인 지저분한 환경, 주변부의 문제들을 농촌공

는 자연공간이 아닌 여가공간으로 묘사하는 것이다. 농촌성 담론이 생산주의에서 환경주의로 초점을 선회하는 현상 또한 이러한 일련의 과정과 밀접한 연관성을 지니고 있다(E. M. DuPuis, "Landscapes of desire?," In P. Cloke, T. Marsden and P. H. Moony (eds), *Handbook of rural studies*, London : Sage, 2006, p. 127).

7 질 밸런타인, 『공간에 비친 사회, 사회를 읽는 공간 : 사회지리학으로의 초대』, 박경환 역, 한울아카데미, 2014, p. 320.

간 재현 틀에서 배제시킴으로써 유지된다.[8] 따라서 이러한 목가적 농촌경관에 대한 문제의식은 농촌경관을 만들고 정당화하는 재현 주체가 누구인가에 대한 문제제기로 이어질 수밖에 없다. 지배적인 농촌경관을 만드는 재현의 정치politics of representation를 살펴보아야 한다. 누가 농촌경관에 대한 권위 있는 재현을 만들어 내는 권력을 지니고 있으며 무엇이 혹은 누가 과학적 재현의 주체 혹은 객체를 정당화하고 있는가를 물어야 한다.[9]

농촌경관에 대한 재현의 정치는 공간에 대한 지리학적 상상력과 분리해서 성립될 수 없다. 오늘날 농촌경관의 의미는 다양한 스케일에서 불균등하게 배치되는 지리적 차원들과 연계된다. 그것은 농촌공간 자체가 독립되고 분리된 '섬'이 아니라 다른 무수한 공간적 기획과 실천들이 이루어지는 상대적인 것들의 '바다' 위에 떠 있기 때문이다. 농촌공간 역시 다른 공간들과 마찬가지로 고정 불변하는 용기container가 아니며, 실재하는 물리적·공간적 위치를 토대로 다양한 힘과 권력 관계, 흐름들이 실현되고 투사된 관계론적 실천공간이다. 하나의 특정한 공간을 가로지르는 다양한 네트워크들이 반복되고 조우하면서 만들어진 공간적 생산의 결과물 또는 그 효과라고도 말할 수 있다.[10]

---

8 농촌의 정체성이 순수, 목가적 경관을 창조함으로써 창조된다는 점을 인식할 필요가 있다. 목가적 농촌경관은 무질서한 틴에이저, 동성애, 홈리스, 여성노동 등의 문제들을 회피하고 농촌성을 질서, 순수성, 중간계급의 번영, 가족 그리고 남성적 힘 등으로 전시해 왔다(E. M. DuPuis, 앞의 논문).

9 "경관을 형성하는 실천과 경관에 부여된 다양한 의미에 대한 보다 명료한 분석은 (형태, 의미, 재현으로서의) 경관이 경관을 형성하는 사회관계를 능동적으로 결합한다는 사실을 이해함으로써 가능해진다. (이 모든 의미에서) 경관은 사회관계의 귀결이자 매개체이며, 생산과 재생산이 맺는 특수한 관계의 결과이자 투입물이다. 우리가 살아가는 세계에서 그 관계들은 당연히 자본주의적이며 (그 모든 의미에서) 경관은 상품이다."(데이비드 앳킨슨·피터 잭슨·데이비드 시블리·닐 워시본 편저, 앞의 책, p. 113.)

이러한 논의들은 동북아시아 국가들이 주도하고 있는 농촌 공간기획의 특성을 이해하는 데에도 유의미한 인식 틀을 제공해 준다. 동북아시아의 농촌공간들에 대한 지배적 담론은 농촌을 여전히 생산공간으로 규정하고 있다. 하지만 그것은 농촌을 소비공간으로 전환하는 과정과 정확히 일치한다. 생산주의적 관점에서 재현되던 농촌공간의 기획과 실천들이 후기자본주의적 상품 전략들과 연계되면서 특별한 '상품'으로 재개발된다. 이를테면 농촌공간을 생태관광의 거점으로 개발하고자 하는 국가·지방 차원의 공간기획들, 동북아시아 초원과 야생에 대한 대중문화의 소비 패턴, 농촌 공동체와 목가적 풍경에 대한 중산층 계급의 노스탤지어, 정신적 공간으로 신비화되는 농촌의 자연 등 농촌성은 농촌의 상품적 가치와 직접적으로 연결된다. 따라서 목가주의적 재현은 그 자체로 반목가적 현실공간을 정당화하는 이데올로기로 작용한다고 할 수 있다.

이러한 목가주의에 대한 예는 다양하다. 환동해지역을 예로 들면, 우선 한국에서는 다큐멘터리 영화 《워낭소리》(이충렬 감독, 2008)가 대중문화에서 농촌경관을 어떻게 구성하는지를 잘 보여 준다. 경상북도 봉화군에 살고 있는 한 노인(최원균)과 그가 기르는 소의 관계를 목가적 시선에서 서정적으로 재현해 준 작품이다. 이 작품은 2000년대 한국 사회가 재현하고자 하는 농촌경관에 대한 전형적 이미지에 충실하다. 농부와 동물 사이의 유대관계는 도시인이 '상실'한 공동체적 삶의 내러티브로 작동한다. 그리고 그것은

---

10 네트워크 영역성networked territoriality의 관점에서, 영역(영토)은 네트워크적 연결을 방해하거나 저항하는 기능을 가진 공간성으로 개념화되지 않고, 네트워크 효과의 결과물로 이해된다. 영역은 선명하고 견고한 경계에 의해 구분되는 공간적 범위가 아니라, 영역성을 형성하는 행위자들 사이의 권력관계가 네트워크를 통해 수행되고 재생산되는 영향권으로 개념화되어야 한다(박배균, 「도시-지역 연구에서 관계론적 사고를 둘러싼 논쟁 : '네트워크적 영역성'에 대한 소고」, 허우긍·손정렬·박배균 편, 『네트워크의 지리학』, 푸른길, 2015, p. 270).

하지만 최근에는 농촌성을 사회적 구성social construction에 의한 산물로 이해하는 시각이 일반적이다. 농촌의 중요성을 농촌적 삶과 공간 그리고 농촌성을 통합하는 사회·문화·도덕적 가치들의 통합 지점에서 찾는 것이다. 이 경우 무엇보다 중요한 것은 농촌적 장소들을 만들어 내는 사회문화의 콘텍스트적contextualized 차원들과 각 영역들의 상호 연관성이다. 농촌성은 물리적이고 객관적 실체를 가진 목가적인 공간이 아니라 경합하고 협상하면서 구성되어지는 하나의 인식체계라고도 할 수 있다.[12]

농촌성에 대한 사회문화적 구성은 시골과 도시라는 공간적 구도 속에서 정형화돼 온 것이 사실이다. 레이먼드 윌리엄스는 목가 전통을 관통하는 두 가지 대조에 대해 논의한다. 도시(분주하고, 타락했고, 비개인적인)와 시골(평화롭고, 풍부한)이라는 공간적 대조가 있고, 과거(목가적)와 현재(타락한)라는 시간적 대조가 있다.[13] 말하자면 문화적 재현체계 속에서 시골country은 평화롭고 정주적인 공간이며, 결핍이 없는, 자연과 인간이 비분리된 상태로 존재하는 곳이다. 즉 농촌은 순수하고 풍요로움을 간직한 이상화된 낭만적 공간이다. 전통적으로 농촌은 신화적이고 유토피아적인 이미지들이 투사되며, "노동하지 않아도 생산하는 자연"[14] 이미지로 이해돼 왔다. 반면에 도시city는 소요의 공간이며 인간성이 상실된 추방의 공간이다. 자연과 인간의 추상적 분리가 일어나고 결핍이 발생하며 지극히 세속적인 논리에 의해 도시 시스템이 작동한다. 도시와 시골에 대한 이러한 이분법이야말로 서구에서 가장 보편적인 농촌/도시 내러티브라고 할 수 있다.

---

12 P. Cloke, 앞의 논문, p. 21.

13 그렉 개러드, 『생태비평』, 강규한 역, 서울대출판문화원, 2014, p. 58.

14 레이먼드 윌리엄스, 『시골과 도시』, 이현석 역, 나남, 2013, p. 64.

그런데 레이먼드 윌리엄스가 지적하고 있듯, 이러한 이분법적 시각체계가 은폐하고 있는 진짜 현실이 있다. 목가적 풍경은 농촌을 '진정성의 무대'로 고안하기 위해 농촌의 진짜 현실을 제거한다. 시골과 도시의 이분법에 내재된 근본적인 문제는 시골에서 인간과 자연의 착취가 자행되고, 도시에서는 그 결과물이 실현되고 집중[15]되는 현실 자체가 은폐된다는 사실이다. 목가적 농촌 풍경은 농촌에 대한 착취의 객관적 기록을 이데올로기적으로 분리해 낸다.[16] 더구나 시골-도시 이분법은 도시적인 것을 먼저 정립하고 그러한 동일성을 기준으로 반대되는 나머지 타자성을 시골 공간에 투사한다. "도시는 시골을 되비추는 형상이자 대행자"[17]인 셈이다. 레이먼드 윌리엄스가 "도시와 시골"의 구분이 허구[18]라고 말하는 것은 바로 이런 이유에서이다.

사실 이러한 농촌과 도시의 이분법은 다양한 영역에서 끊임없이 반복 재생된다. 퇴니에스Tönnies의 게마인샤프트Gemeinschaft(community)와 게젤샤프트Gesellschaft(society)의 구분도 이와 유사한 논리이다. 친밀한 농촌공간과 비인격적인 대도시 사이의 이분법적인 분할을 통해 농촌을 도시의 대칭공간으로 구성하는 시각에는 변함이 없다.

하지만 농촌에 덧씌워진 이러한 목가성은 그 자체로 존재하지 않는 허구적 구성물이다. 농촌공간 역시 자본주의의 모든 상품들과 마찬가지로 사물화되고 물신화되는 과정을 피할 수 없다. 이에 대해 클록P. Cloke은 이러한

---

15 위의 책, p. 106.

16 "전원의 풍경에는 농촌 노동과 노동자들이 모두 사라져 버렸다. 숲과 물의 조망은 신목가풍 회화와 시에서 나온 많은 장면들과 흡사한 것으로서, 생산과 관련된 여러 사실들은 벌써 추방되어 버렸다. 도로와 현관 진입로는 나무들로 요령 있게 가려져 외부와의 교류라는 사실 자체를 눈에 보이지 않도록 은폐하며, 보기 싫은 창고나 제분소는 아예 볼 수 없게 제거되었다." (위의 책, p. 252.)

17 위의 책, p. 116.

18 위의 책, p. 117.

농촌공간의 생산과정을 기호론적 시각에서 다음과 같이 요약한다.[19] 즉 농촌성이라는 기호sign(rurality)와 의미작용signification(meanings of rurality)의 분리 과정이 존재한다. 농촌성에 대한 사회적 재현들이 증가할수록 기호와 의미작용은 지시 대상referent(rural geographical space)으로부터 분리되고 만다. 농촌적인 것에 대한 기호적 관념들은 의미의 토대들로부터 분리되며, 사회적으로 의미들은 지리학적인 기능적 농촌공간에서 떨어져 나온다. 이는 농촌성을 탈농촌성post-rurality으로 고찰해야 하는 원인이다. 그것은 결국 농촌성이 진정성을 상실한, 의미와 상징의 물신들fetish로 소비되는 과정이며, 농촌이 농촌이라는 실제 대상으로부터 탈영토화deterritorialized되는 것을 의미한다. 농촌성 자체가 참조 가능한 지리학적 공간으로부터 분리된 것이다. 물론 이와 함께 농촌공간의 본질적인 본성을 정의하기 시작하는 추상적인 의미작용을 통해 농촌성이 재영토화reterritorialized하는 과정도 발생한다. 이는 2000년대 환동해 농촌경관을 이해하고자 할 때 염두에 둘 대목이다.

이러한 논의를 극대화하면 극단적으로 말해 "농촌은 없다"고도 말해질 수 있다. 농촌적인 것의 물질성이 약화되고 있음에도 마치 존재하는 것처럼 표현되고 있는 것이다. 우리가 보고 있는 농촌은 농촌의 실재가 아니라 농촌의 수사인 셈이다. 이는 농촌이 농촌적인 것으로 재현되는 이데올로기적 작용에 불과한 것으로 이해될 수 있다.

따라서 농촌에 대한 물질성과 비-물질성을 모두 고려한 시각이 필요하다. 농촌의 전체성the totality of rural space을 읽어 들일 필요가 있다. 농촌의 물질성과 상상, 재현들은 상호 배타적인 것이 아니라 서로 얽혀 있기 때문이다. 농촌은 물질적인material 공간과 동시에 관념적인ideational 공간 사이에서 만

19 P. Cloke, 앞의 논문, p. 22.

들어지는 교섭의 장이라고 할 수 있다.[20] 공간의 생산이 의미의 생산과 분리될 수 없으며, 인식의 생산은 물리적인 공간 생산과 분리되지 않는다.[21] 이러한 논리를 바탕으로 한 이론이 르페브르H. Lefèbvre의 '공간적 삼원론'과 결합된 농촌지리학이다.[22]

르페브르의 공간 생산 이론은, 데이비드 하비의 어법대로라면, 공간의 물질성materiality, 재현representation 그리고 상상imagination을 삼중으로 변증함으로써 공간이 생산된다는 논리이다. 르페브르는 공간의 생산을 공간적 실천, 공간의 재현, 재현적 공간 사이의 역동적 얽힘으로 이해한다.[23] 농촌지리학자들은 이러한 르페브르의 공간생산 원리를 농촌공간에 적용해 이해한다. 예를 들면 그것은 농촌의 지역성rural localities(물질성), 농촌에 대한 공식적 재현formal representations of the rural(재현), 농촌의 삶everyday lives of the rural(상상)으로 구성할 수 있다.[24]

---

20 K. Halfacree, 앞의 논문, p. 47.

21 위의 논문, p. 50.

22 이외에도 들뢰즈와 가타리의 이론 및 행위자-네트워크 이론에 기반을 둔 농촌지리학적 분석이 논의되고 있다. 이는 농촌공간의 혼종성a hybridity과 네트워크적 공간networked space으로 개념화하는 접근 방식이다(M. Woods, "Rural geography : blurring boundaries and making connections," *Progress in Human Geography,* Vol. 33, No. 6, 2009, pp. 849~858).

23 공간적 실천spatial practices은 르페브르가 "비밀스러운" 사회의 공간이라고 말하는 영역으로, 인지된perceived 공간, 특히 그들의 일상적 현실 및 공간과 긴밀한 유사성을 가진다. 공간의 재현representations of space은 개념화한 공간, 즉 다양한 전문가와 관료에 의해 구축되며, 고안된conceived 공간이다. 이데올로기, 권력, 지식은 반드시 이 재현에 체현된다. 재현적 공간representational spaces은 직접적으로 체험된lived 공간, 즉 일상적 경험의 공간이다. 이는 그곳의 '거주자' 와 '사용자' 의 복잡한 상징과 이미지를 통해 경험하는 공간이며 대상의 상징적 이용을 추구한다(앤디 메리필드, 「앙리 르페브르 : 공간에 관한 사회주의자」, 『공간적 사유』, 마이크 크랭·나이절 스리프트 편, 에코리브르, 2013, pp. 287~315 참조).

24 K. Halfacree, 앞의 논문, p. 51.

그런데 이러한 르페브르의 시각에서 본다면, 농촌공간의 생산은 고정된 것이 아니라 사회관계의 변화에 따라 역사적 관점에서 고찰될 필요가 있다. 이를테면 생산주의 시대의 농촌공간은 근본적으로 농부와 토지소유자에 의한 생산 중심적 실천과 낭만적이고 공동체적이며 이데올로기적인 도덕적 관리자의 시각이 동시에 갈등하면서 공존했다. 모더니즘은 목가주의pastoralism로부터 도전 받으면서 때로는 경합하고 때로는 협력하면서 전개된다. 이 과정에서 농촌에 대한 지배적인 사회적 이미지는 단일한 생산주의적 비전 아래에 응집된다.[25]

하지만 후기자본주의 이후 생산주의가 실패하면서 이러한 공간구조는 재구성되고 재구조화된다. 이에 따라 농촌 경관구조 또한 변화하게 되는데, 그것은 크게 네 가지 차원으로 진행된다.[26]

첫째, 초생산주의super-productivism가 강화된다. 생산주의적 공간성을 재언명하고, 자본주의적으로 추상화된 공간을 합리화한다. 농업 비즈니스, 식물과 동물의 유전자 조작, 바이오테크놀로지 등 이익의 극대화라는 목적 아래 토지의 생산성이 전면 재조직된다. 때문에 경관은 차이가 제거된 동일성sameness에 의한 단일경관monoscapes으로 구성된다. 공간에 대한 체험과 상상으로부터 농촌성 자체가 분리되며, 이것이 일관되고 응집된 로컬의 고유성을 형성한다.

둘째, 목가를 소비하는consuming idylls 경향이 더욱 심화된다. 농촌 공간성rural spatiality을 도덕적인 목가주의와 연계하며, 목가적 공동체와 이미지들을 소비하는 공간의 재현이 주를 이룬다. 농촌은 중산층을 위한 여가공간이자 도시민의 거주 또는 이주공간으로 재편된다. 하지만 초생산주의적 관

25 위의 논문, p. 55.

26 위의 논문, pp. 56~57.

점과 달리 농촌 개발에 부정적이며 미학적이고 심미적인 소비를 추구한다. 하지만 농촌공간의 불균등성을 제거하지 못하며, 공간의 차이가 생겨나지만 이 또한 공간의 성격을 변화시킬 정도의 생산력은 아니다.

셋째, 농촌 자체가 사라졌다는 시각이 팽배해진다. 후기자본주의 사회에서 도시와 농촌의 경계는 점점 더 빠르게 파기되고 있으며, 농촌은 '유령'과 같은 현존성으로 이해될 수 있다. 이를테면 농촌은 개인 또는 집단의 기억이나 노스탤지어 속에 존재하며 공간에 대해 실질적인 질적 변화를 만들어내지 못한다.

넷째, 농촌공간에 대한 급진적 전망radical vision이 제기된다. 단일한 교환가치에 의해 획일화되어 버린 추상공간에 차이를 생산하는 공간적 상상과 재현을 실행한다. 공간적 투쟁을 낳기도 하며, 공간의 농촌화ruralization 기획을 추구하기도 한다. 농촌공간에 대한 지배적인 재현체계에서 탈피함으로써 차이를 생산할 수 있는 가능성이 배태되는 장소이다. 하지만 그것은 혼돈에 가깝고 응집력 또한 가시적이지 않다는 특징을 지닌다.

이러한 농촌지리학적 관점들은 현재 동북아시아에서 실현되고 재현되는 농촌공간의 생산을 이해하는 데 의미 있는 시각을 제공한다. 특히 2000년대 재편되고 있는 환동해 농촌공간의 변화를 설명하는 유의미한 분석 방법이 될 수 있다. 이미 환동해 농촌공간에도 탈생산주의의 흐름이 유입되었고, 이제 농촌 사회는 공간의 물질성, 재현, 상상의 모든 면에서 변화하고 있다. 생산 위주의 공간 생산에서 농촌성 자체를 소비하는 '상품화'의 길이 전면화되고 있다. 체험 농업, 농업 민박, 별장, 농장 체험, 생태 관광, 농산물 직판장 등 뚜렷한 공간의 변화가 관찰된다. 아울러 농업 생산 이외의 관점에서 농촌공간을 평가하는 경향이 많아지고 있다.[27] 농촌의 로컬리티(물질

27 다바야시 아키라, 앞의 책, p. 24.

할아버지의 '다름'은 실제로는 큰 차이가 아닐 것임이 분명한데도 전체 화면 구성에서 매우 중요한 차이로 인식된다. 할머니라는 존재는 《워낭소리》의 진정성을 비추는 거울로서, 반목가적 인물로 재조정된 것이다. 농촌적 삶 안에서도 더욱 진정한 목가적 풍경을 추출해 내지 않으면 안 되는 것이다.

이것은 무엇을 의미하는가. 어떤 의미에서 할머니와 할아버지의 인위적인 대칭구조는 생산성을 다한 농촌공간이 새로운 심미적 소비 상품으로 재편될 수 있다는 것을 보여 준다. 봉화로 대표되는 환동해지역의 목가적 풍경은 궁극적으로는 '한국적인' 농촌경관을 구성하는/소비하는 전형적인 방식이다. 반자본주의적 질서 속에서 자연과 하나가 되어 살아간다는 재현 논리가 생산성을 다한 '소비공간'으로서 농촌경관을 구성한다.

일본의 경우에도 환동해 농촌경관의 의미는 '일본적인 것'과 농촌공간을 상상적으로 통합하는 동일시 과정 속에서 유발된다. 최근 주목을 받은 일본 도호쿠지역의 고모리小森 마을을 배경으로 한 영화 《리틀 포레스트》는 농촌공간을 중심으로 자아와 가족 그리고 집단의 유기적 연결성을 상징적으로 회복시키고 있다. 물론 이러한 과정이 처음부터 완전하게 주어지는 것은 아니다. 영화의 주인공 이치코는 어머니의 갑작스럽고 원인을 알 수 없는 가출 이후 고모리의 시골집에서 홀로 지내면서 어머니가 해 오던 농사일과 요리를 대신해 수행한다. 이 영화의 시간적 구조에서 알 수 있듯이 여름에서 다음 해 봄이 되면서 상처는 치유되고 이치코는 성장한다. 그러한 치유 과정에서 가장 중요한 것이 엄마가 해 주던 요리를 이치코가 모방하는 행위이다. 모방에서 시작된 이 행위는 궁극적으로는 새로운 요리법을 창조하는 행위로 발전한다. 이러한 변화(성장)는 개인주의적 삶을 살던 한 개인이 마을 전체의 연대적 결속이라는 집합적 감정구조로 진화해 가는 집단적 승화 과정(성장)과 연결된다. 상실의 내러티브를 충만되어 결핍이 존재하지 않는 내러티브로 발전시켜 가는 일관된 시간구조가 구축된다.

한편 이러한 상징체계를 보증하고 승인하는 보다 원초적인 과정이 존재하는데, 그것은 고모리로 표상되는 농촌공간을 '일본적인' 것으로 승화시키는 상상적 동일시의 과정이다. 이는 이치코가 어름을 따서 맛을 보고 새로운 요리를 상상하면서, 아마도 그것이 일본 과자가 구현하고자 하는 궁극의 맛일 거라고 상상하는 장면에서 드러난다. 고향으로 돌아와 자신의 정체성을 고모리와 일치시키는 이치코의 내면을 보여 주는 대표적인 장면이 그녀가 고향의 전통무를 추는 장면이다. 농촌공간(로컬리티)과 일본의 국가 이데올로기가 낭만적이고 서정적인 방식으로 결합한 것이다.

농촌경관에 대한 문화적 구성은 민족정체성을 구현하는 하나의 자원으로 활용될 수 있다. 농촌경관의 고유성을 재현하고 이를 민족성의 상상적 토대로 전유하는 것이다. 농촌경관의 이상화가 민족 또는 국가 이데올로기의 재생산 과정과 연결됨으로써 목가주의적 국가라는 새로운 이상을 창출하는 데 기여한다. 중국의 『늑대토템』에서도 이러한 논리가 발견된다. 이 소설이 재현하는 내몽골을 배경으로 하는 환동해 농촌(야생)경관은, 중화민족의 원초적인 감정구조들과 결합되는 지점에서 진정한 것이 된다.[28] 자연과 민족적 정체성이 분리됨 없이 일체화된다. 예를 들어 이 소설의 주요 내러티브는 소설의 주인공 천전이 늑대의 야생적 강인함에 매료됨과 동시에 개인성을 극복해 집합적 의미(중국 국민성)를 회복해 가는 과정이다.[29] 자연에

---

28 영화 《늑대토템》은 이러한 중국의 초원을 전시함으로써 중국적인 내러티브 전통을 수용함과 동시에 서구적 시선에서 중국의 풍경이 어떻게 재현되어야 하는가에 대한 규범적 사례를 제시해 주고 있다. 중국의 초원은 중국적인 것으로 즉각적으로 번역되고 있는데, 오염되지 않은 순수한 열정과 가치들이 중국적인 가치들로 재구성된다.

29 장룽은 소설 말미에 「늑대토템의 지적 탐구」라는 보론 형식을 싣고 있는데, 서두 부분에 다음과 같은 이야기를 한다. "유목 정신이란 초원의 유목 정신만을 의미하지 않고, 그 밖에도 해양의 유목 정신이나 우주의 유목 정신도 포함하는 대유목 정신을 의미하는 거야." 여기서 핵심은 초원을 무대로 존재했던 유목 정신을 중국적 정신(피)의 본질로 회복해야 한다는 논리이다. 초원에 대

대한 인간적 감정을 진정으로 의미 있게 만드는 것은 이 느낌을 민족 전체적인 것으로 변환시킬 수 있는가 없는가에 달려 있다.[30]

러시아 극동지역에 대한 내러티브 역시 이러한 흐름에서 크게 벗어나지 않는다. 유목민의 삶을 목가적 스케일로 담아 낸 《툰드라 북》과 같이, 러시아 극동의 농촌(야생)공간은 인류 문명이 잃어버린 순수한 삶을 찬미하는 회고주의적 시선에 의해 재구성된다. 현대적인 삶을 살아가는 원주민의 모습은 배제되고 순수하게 전통적 가치관에 의존해 살아가는 축치족의 모습이 강조된다. 원시적 공간은 그 자체로 인류 문명에 대한 비판적 기능을 수행한다. 역설적으로 화면 속 농촌경관이 화면 바깥에 존재하는 문명 전체를 논평할 수 있는 논리적 거점으로 구성되는 것을 알 수 있다. 그러나 이 영화 역시 이러한 재현의 구조가 러시아적 공간기획에 어긋나지 않는다는 것을 분명하게 암시하고 있다. 소수민족의 타자성을 러시아의 집단적 주체성으로 끌어안고 봉합하는 시선이 유지된다.

그런데 흥미로운 것은 한·중·일·러 작품들 속에 등장하는 환동해 농촌경관은 다른 공간기획들과 충돌하지 않으면서 대중의 감정구조 안에 안착한다는 점이다. 자연과 인간의 유기적 관계성을 기반으로 구성된 농촌경관의 목가주의적 시선이 동북아시아 국가들이 수행하고 있는 제도적 공간기획들과 갈등 없이 조우한다. 타자(농촌)를 통치하는 기술은 그것을 순수하고 오염되지 않은 상태로 유지시키는 것이기도 하다.[31] 이러한 재현의 논리가 가

한 공간적 상상력은 중국이 지향해야 할 진취적인 미래의 비전과 상상적으로 통합된다.

30 이러한 상황이 중국 소수민족(원주민)의 내러티브의 기반이 되고 있다는 것은 주목할 사항이다. 소수민족의 정체성을 산과 초원과 같은 자연공간과 분리하는 것은 거의 불가능해 보인다. 예를 들어 1985년에 발표된 우럴투의 「호박색우등불」(『송화강』, 1984. 2)이 보여 주듯, 어원커족의 종족성을 대변하는 것은 순수하고 오염되지 않은 야생공간 자체라는 것을 알 수 있다.

31 E. M. DuPuis, 앞의 논문, p. 125.

능하기 위해서는 무엇보다 목가적 농촌경관을 현실적 농촌 맥락, 즉 물질성으로부터 분리시키는 과정이 필요하다. 정치경제적 관계성과 이를 통해 구현되는 관계망적 영역들이 상상적으로 제거됨으로써 공간의 모순을 만들어내는 갈등 요소도 손쉽게 제거된다. 이는 궁극적으로, 초생산주의적 관점에서 재편되고 있는 농촌공간이 내포한 추상적 공간기획 전체를 은폐시키는 것이기도 하다.

(2) '농촌은 없다'

환동해 농촌 풍경에서 발견되는 목가주의적 내러티브는 다른 한편에서 반反목가주의적 내러티브와 경합한다. 목가주의적 이상화는 공간의 농촌화를 심미화하는 과정이며 근본적으로 목가적 담론 자체를 소비하는 경향을 대변한다. 하지만 목가적 내러티브에서 이러한 사실은 발견되지 않는다. 농촌공간의 목가적 재현은 자본주의적 상품으로서 농촌경관의 본질적 의미를 은폐시키는 기능을 한다. 한편 반목가주의는 농촌의 도시화라는, 사뭇 상반된 운동들과 연계된다. 대부분의 공간이 이미 도시화된 상황에서, 농촌공간을 분리해 변별적 특성을 부여하는 것 자체가 무의미하다는 논리이다. 따라서 농촌은 도시공간과 연계된 네트워크의 한 지점에서 이해되어야 한다. 농촌공간을 자급자족적이고 충족된 공간으로 재현하는 것 자체가 환영에 불과하다. 그 결과 농촌공간은 기억과 무의식의 영역으로 후퇴한다. 목가적 농촌경관은 물질성을 상실하고 일상적인 삶의 실천을 상실하게 되는 역설이 발생한다.

러시아의 환동해 농촌경관에 대한 대표적인 이미저리는 소비에트 시기에 구성된 발렌틴 라스푸틴의 소설 작품 『마쪼라의 이별』(1975)로 거슬러 올라간다. 동명의 소설이 1981년 영화화되기도 했는데, 마쪼라라는 시골 마을에 수력발전소가 건설되면서 마을의 수몰이 결정되고 거주민들이 자신의 삶터를 떠나 도시로 이주하는 과정을 담고 있다. 이 과정에서 인간적 유대는 물론 자연(장소)과 통합되어 분리할 수 없는 농민들의 삶이 부각된다. 반면에 마쪼라를 떠나 살아가게 될 정착촌의 삶은 '아파트'라는 공간으로 표상된다. 도시화된 아파트와 마쪼라의 집 사이에 외부와 내부라는 일반적 경계가 존재하며, 그것은 근대사회와 전통사회 사이의 분할로 표상된다. 또한 이 두 공간은 각기 다른 감정구조를 구현한다. 마쪼라의 농촌공간은 불편하지만 생명력으로 가득한 목가적 공간이며, 거주민에게 정체성을 제공하고 장소와 연결되어 있어 존재적 안정감을 부여한다.[32] 하지만 정착촌의 아파트는 낯설고 불안한 도시공간을 대표한다. 아파트는 존재론적 안정감이 부재한다는 점에서 기계적인 공간성으로 그려진다.[33] 이러한 시각체계는 장소로부터 분리한 정체성의 위기를 표상한다. 이는 진정한 존재감이 장소감과 분리될 수 없다는 것을 말해 준다. 모더니즘과 이에 대한 대항 지점에 목가주의를 배치하는 전형적인 도시-시골 재현체계이다.

하지만 2000년대 포스트소비에트 시대의 농촌경관은 이와는 다른 차원에서 파열되는 것을 알 수 있다. 예를 들면 영화 《투샤 할머니》를 살펴보면,[34] 러시아의 일반적인 농촌공간에 대한 지리적 상상력을 지탱해 주던, 시

---

32 "마쪼라에서는 안가라를 '우리 안가라' 라고 불렀다. 마을은 이 방향을 향하여 있었고 사람들은 여기서 배를 띄우고 물을 길었다. 또한 아이들은 이곳에서 세상을 처음 보았기에 여기에 있는 돌멩이 하나하나까지 알며 기억하고 있었고, 수로 너머에는 이제는 내팽개쳐졌으나 꼴호스 시절에는 경작되었던 들판이 있었다." (발렌틴 라스푸틴, 『마쪼라의 이별』, 권철근 역, 중앙일보사, 1990, p. 51.)

33 "정착촌으로 돌아와 싫든 좋든 간에 집에 딸려 있는 조그만 마당에 들어서자 그의 마음이 조금 누그러졌다. 여기서도 살아갈 수 있다. 그러나 모든 것이 낯설고 불편해서 그는 자신이 마치 세든 사람처럼 느껴졌는데 그것은 사실이었다. 왜냐하면 그 집은 그의 소유가 아닐 뿐만 아니라, 거기서 터줏대감 주인 행세도 할 수 없기 때문이다. (중략) 편안함 속에서 강인함도 희망도 없이 마치 어떤 사악한 바람이 데려가 버린 것처럼 자신의 존재를 잃어버린다." (위의 책, p. 96.)

골과 도시라는 근대적 패러다임 자체가 무너지는 것을 알 수 있다. 농촌은 더 이상 농촌성을 유지할 수 없다. 도시와 농촌 간의 경계가 허물어지고 농촌 고유의 생활패턴을 구분하는 것 자체가 점점 더 무의미한 일이 되어 간다. 이 경우 재현 가능한 농촌경관은 현존성을 상실한 채 튜샤 할머니의 '기억' 속에만 존재하는 어떤 것이다.[35] 이 영화 속 주인공인 투샤 할머니는 자신의 딸이 죽자 사위에게 버림을 받고 사촌언니 집으로 가 살게 되지만, 그것도 잠시, 그녀를 부양할 어떠한 가족들도 만나지 못하면서 비참한 최후를 맞이하게 된다. 농촌은 국가를 위해 희생해 온 모성의 공간이자 희생과 포용이라는 모성성이 소멸해 가는 공간으로 재현된다. 투샤 할머니는 마지막에 체첸 난민이 된 손자의 실어증 걸린 딸이 세계와 소통할 수 있는 통로(언어)를 만들어 주고 자신의 길을 떠난다. 영화 속에서 이 길은 할머니의 기억 속에만 존재하는 과거의 '집'을 향해 가는 것으로 묘사된다. 공동체의 삶을 상징했던 '농촌-집'이 물질성을 상실한, 유령 같은 현존성으로 그려지는 것을 알 수 있다. 농촌은 현대인이 상실한 고향의 노스탤지어로서, 실제적인 공간 실천이나 다른 삶에 대한 상상이 가능하지 않다는 점에서 근본적으로 탈물질화dematerialized된 공간이다.

이미 산업화와 도시화가 거의 모든 공간에서 진행된 국가들에서 이러한 상황은 보다 가시적이다. 한국 작품 중 동해에 연접한 울산 장생포지역을 배경으로 한, 김형경 작가의 『꽃피는 고래』(2008)는 농(어)촌경관이 도시화

---

34 이 작품의 실제 배경이 환동해지역이라고 단정할 만한 이유는 어디에도 없다. 그럼에도 이 영화가 그리고 있는 농촌공간은 러시아의 농촌 삶에 대한 일정한 전형성을 획득하고 있다. 따라서 환동해 농촌공간에 대한 문화적 구성을 유추해 보는 것이 가능하다.

35 목가의 해체로도 해석될 수 있지만(라승도, 「목가의 해체 : 포스트소비에트 러시아 영화의 농촌공간」, 『슬라브학보』 27(1), 2012, pp. 157~79 참조), 해체된 목가적 비전이 탈영토화된 기억 속에서 현실에 기입되는 과정으로도 이해될 수 있다.

될 수 있다. 농촌공동체라는 이상은 어디에도 존재하지 않는다. 목가적 농촌 이미지에서는 이러한 진짜 현실이 은폐된다. 그러므로 '농촌은 없다.' 농촌과 도시를 가르는 경계적 시선 자체가 무의미하다.

(3) 차이의 생산

낭만적 목가주의는 지방의 로컬리티(물질성)와 공식적 공간기획들(재현)이 결합된 현실적 영역에 순응적이다. 강력한 목가주의적 비전은 실제로는 농촌경관의 상품화 전략들과 구분되지 않거나 공모적 관계를 형성한다.[38] 내면화된 농촌경관도 마찬가지다. 물질성을 상실하고 유령처럼 존재할 뿐, 현실맥락들에 수정을 가하지 못한다. 이제 농촌공간이 표상해 온 집합적 생명력과 공동체성은 집단이 아닌 개인의 기억 속으로 내재화된다. 앞서 살펴본 것과 같이 환동해 농촌경관에 대한 심미적 재현들은 목가적이건 반목가적이건 일상적으로 규정된 농촌 공간성을 크게 변화시키지 못한다. 공간들 사이에 차이가 발생하지만, 그것은 목가와 반목가, 농촌과 도시, 자연과 문명이라는 추상적 구분에 불과하다. 근본적으로 공간을 변화시키고 해방시키는 차이를 생산하는 데까지 나아가지 못한다. 차이는 역설적으로 공간에 대한 차별적 생산을 정당화하는 토대가 되기도 한다. 따라서 농촌경관은 점점 더 심미적 공간으로 응축될 수밖에 없고, 결국 추상공간[39]으로서의 농촌

---

38 농촌에 대한 목가주의는 과거에 대한 향수를 강조함으로써 (수공예품, 옷감, 장식품, 시골의 관습과 축제, 건물 또는 마을 전체를 포함하는) 전통적인 농촌 문화를 패키지화하여 관광객에게 판매하는 데 이용되며, 이는 다른 국가들이 즉각적으로 공유하기도 하는 한 국가의 이미지이기도 하다(질 밸런타인, 앞의 책, p. 321 참조).

39 르페브르의 공간생산론에서 "추상공간은 매우 실질적인 사회적 존재이다. 이는 상이한 건축물, 장소, 활동 그리고 공간 위over 또는 공간을 통한 사회적 상호 교류의 양식에서 객관적 표현을 획득한다. 그러나 그 근원적 역동성은 질적 차이에는 실질적 관심이 없는 논리에 영향을 받는다. 그것은 궁극적 중재가 오직 가치뿐이다. 가치, 화폐(가치의 보편적 척도) 그리고 교환가치(가격) 모

공간성은 드러나지 않게 된다.

하지만 차이를 생산함으로써 질적 공간으로 나아가는 비판적 계기들이 없는 것은 아니다. 공간적 투쟁은, 추상공간에 질적 변화를 가져올 수 있는 공간적 상상력의 하나라는 점에서 주목을 요하는 부분이다. 실제로 최근 들어 거주민들이 상상하고 재현하는 공간기획들이 그보다 큰 스케일의 국가/지방정부 차원의 공간기획들과 충돌하는 사건들이 빈번해지고 있다. 국가/지방정부 차원의 국토 개발 계획에 대한 문제를 제기하고 저항하면서, 단일화되고 획일적인 공간기획을 부정하는 공간적 투쟁이 발생한다. 흥미로운 것은 국가 공간기획 안 가장 주변부에 속한 곳에서 이러한 계기들이 발견된다는 점이다. 이를테면 그것은 소위 비도시적 공간과 위험경관이 결합된 주변부 공간에서 보다 분명하게 표현된다. 이제까지 위험경관들은 주로 지리적으로, 정치경제적으로 거의 대부분의 국가에서 주변부 지역에 배치되어 왔던 것이 사실이다. 하지만 이러한 불균등한 공간 배치에 대한 문제의식이 발생하면서, 기존 공간 재현에 대한 새로운 성찰이 요구되고 있다. 세계화와 생산주의의 쇠퇴로 인해 주변부로 전락하고 있는 농촌공간에서도 이러한 변화가 뚜렷하게 감지된다. 농촌공간에 대한 새로운 상상은, 농촌의 로컬리티를 실행하려는 일상적 실천 영역 및 공식적 공간 재현 방식과 충돌하고 동시에 연계하면서 차이를 생산하고 있다. 물론 이러한 변화들은 명백한 공간의 새로운 가능성을 암시하지만, 현실에서 그것은 기존 질서를 흔드는 혼돈 상태로 인식된다.

중요한 것은 이러한 변화가 공간을 실천하는 구체적인 '몸'을 통해 생산된

두는 기어코 추상적 공간의 구조적 개념화라는 성향을 설정한다. 따라서 가치명령value dictate은 고안된 공간을 인수한다. 추상적 노동이 진정한 구체적 노동을 부정하는 것처럼 추상적 공간은 진정한 구체적 질적 공간을 부정한다."(앤디 메리필드, 「앙리 르페브르 : 공간에 관한 사회주의자」, 마이크 크랭·나이절 스리프트 편, 『공간적 사유』, 에코리브르, 2013, pp. 287~315.)

다는 점이다. 이질적이고 낯선 공간에 대한 상상들은 공간에 거주하는/참여하는 구체적인 존재들의 느낌과 상상, 상징과 실천을 통해 구현된다.

대표적으로 한국의 '밀양'이라는 농촌 공간성이 만들어 내는 공간적 차이에 대해 주목해 볼 필요가 있다. 경상북도 밀양에서 발생한, 송전탑을 둘러싼 공간적 투쟁은 국가 혹은 지방정부 스케일의 근대적 공간의 획일적인 기획들에 주민들이 저항하면서, 일관된 국가 개발 정책에 균열을 내고, 이를 통해 새로운 재현의 공간을 만들어 낸 사건이다. 주민이 주체가 된 생태적 공간 상상과 국가 중심의 발전론적 공간기획이 충돌하고, 개인화된 공간 실천과 국가적 단위의 공간 재현이 모순되는 상황이 발생한 것이다. 이는 경제구조적 차원에서 생산 중심의 추상적인 농촌공간이 거주민에 의해 체험된 삶의 공간으로 재편되는 과정에서 일어난 현상이다. 삶의 영역에서의 장소적 실천과 재현들이 기존 질서에 균열을 내는 질적 차이들로 발전해 갈 수 있는 가능성도 발견된다. 밀양의 송전탑을 둘러싼 할머니들의 저항은 국가 차원의 에너지 연결망과 생태학적 비전들이 충돌하면서 발생한 하나의 사건이라고 말할 수 있다.

밀양의 공간적 투쟁 과정을 담아낸 다큐멘터리 《밀양아리랑》에서 이러한 맥락적 변화가 가시적으로 표현된다. 밀양의 공간적 저항은 거주민이 국가의 정책에 불응하여, 공간에 대한 '다른' 상상과 상징들을 만들고 전유하면서 발생한다. 연로한 할머니들의 신체가 폭력적으로 제압되는 과정은 그 자체로 은닉되어 있는 국가 공간기획의 폭력적이고 억압적인 차원을 폭로한다. 흥미로운 것은 이러한 밀양의 공간성이 밀양이라는 지리적 경계를 넘어 더 먼 지역과 연계되고 있다는 점이다. 밀양 주민들이 다른 지역을 방문하고, 일본 후쿠시마 원전 파괴 지역과 연대를 모색하는 행위 등은 밀양이라는 농촌공간이 물리적 경계를 넘어 새로운 저항적인 네트워크적 영토로서 창출되는 하나의 과정을 상징한다.

4. 목가적 비전을 넘어

근대화 이후 농촌공간을 둘러싼 재현 정치의 핵심은 농촌을 현대문명에 대립하는 공간으로 그리는 데 있다. 농촌성을 조화롭고 평화로운 '진정한' 공간으로 재현하기 위해서는 비인격적이고 본질적으로 비장소적인 도시성을 구축하지 않으면 안 된다. 도시는 번잡하고 무질서하며 불안정하다. 반면 농촌은 고요하고 공동체적 질서 속에서 존재적 안정감을 제공한다. 하지만 실제의 현실은 이러한 이분법적 질서로 포착되지 않는 혼종성과 네트워크적 공간들이 존재한다. 도시적인 것과 농촌적인 것은 언제나 이미 서로 얽혀 있으며 둘 사이를 명확히 구분하는 특정한 공간적 내질을 구분해 내기는 쉽지 않다. 이익 창출의 방식이 다를 뿐 근본적으로 자본의 논리에 의해 공간들이 기획되고 실천된다는 점에서는 두 공간 모두 동일하다.

그럼에도 농촌공간에 대한 사람들의 생각 속에는 여전히 '농촌적인 것'이 존재한다. 도시적인 삶에서 허락되지 않은 존재적 안정감들이 농촌이라는 공간 속에 투사되고 또 이러한 시각에서 농촌경관들이 재생산되고 있다. 여전히 많은 사람들은 시골의 농부들이 도시적인 삶과는 다르게 살아갈 것이라고 상상하며, 그것은 농촌에 대한 전형적인 문화적 재현 방식이자 재현의 정치로 자리하고 있다.

환동해지역의 초원, 농촌, 바다 등을 재현하는 목가주의적 시선 또한 이러한 대중의 상상과 욕망을 대변한다. 우리가 살펴본 한국, 중국, 일본, 러시아의 작품들은 환동해지역에 편만한 농촌, 어촌, 초원, 산야, 황야 등을 근대적 목가 전통에 기대어 서사화하고 있다. 현대세계가 상실한 어떤 모종의 인간적인 것으로 재구성되면서 장소감 자체를 상실해 가는 현대인에게 노스탤지어를 제공하고 있다. 농촌공간과 결합된 생태적 시선도 이러한 맥락에서 크게 벗어나지 않는다.

그런데 중요한 것은 이러한 목가적 전망들이 농촌공간을 진정한 것으로 재구성하면 할수록 농촌의 진짜 현실은 지워지고 만다는 사실이다. 농촌을 순수한 것으로 표현하고자 하는 대중의 욕망에 부합하는 대중매체들의 진정한 함정은, 그것이 대중이 농촌의 진짜 현실과 만날 수 없게 만든다는 데 있다. 농촌을 목가적인 공간으로 재현하는 것은 농촌을 '특별한' 상품으로 만드는 일에 일조한다. 같은 맥락에서 농촌은 '피'와 '대지'라는 모종의 이데올로기적 필터를 통해 전유되곤 한다. 국가와 민족을 상상하는 토대로서 농촌을 재현함으로써 국가의 지리적 신체가 완성되는 것이다. 농촌공간의 상품화가 강화되면 될수록 이러한 재현 논리 또한 강화되며, '다른' 공간으로 농촌을 상상하는 일 자체가 불가능해진다. 농촌에 대한 논쟁적 차원들이 배제되어 버리고 마는 것이다.

따라서 농촌에 대한 지배적인 상상에 의문을 제기하고 비판적으로 성찰해 보지 않으면 안 된다. 농촌이 '무엇'인가 하는 물음보다 중요한 것은 '누가' 농촌인가라는 점으로 논점을 조정하는 것이다. 국가, 지방정부, 관료들, 엘리트, 전문가, 자본가, 토지 소유자 등에 의해 재현되는 농촌경관은 농촌을 실천하는 실제 거주민 또는 주변부의 사람들에게서 생성되는 공간에 대한 상상과 재현들과 같지 않을 것이다. 그럼에도 이제까지는 농촌에 대한 목가적 비전이 지배적인 농촌 담론으로 자리하면서, 이러한 공간적 모순에 대해서는 외면하도록 만들어 온 것이 사실이다. 농촌을 목가적으로 재현하려는 주체가 누구이며, 어떻게 그것이 정당화되고 있는지, 그것이 어떻게 농촌의 새로운 생산주의와 결탁하는지를 묻는 데서부터 농촌공간에 대한 문화사회적 연구를 시작해야 한다. 그것은 이 글이 농촌을 심미적으로 재현하는 행위를 사회-정치-경제-문화라는 콘텍스트적 맥락에서, 공간과 수많은 네트워크가 만나는 지점에서 다시 논의하고자 했던 이유이기도 하다.

이런 맥락에서 이 글에서는 환동해지역을 중심으로 목가적 시선에 대한 비판적 고찰을 시도했다. 르페브르의 시각에서 본다면, 살아 있는 공간이란 근본적으로 공간을 생산하는 다양한 신체들의 감각과 의식 속에서 시작된다. 농촌-도시의 이분법적 시각체계에서 기인하는 차이들이 아닌, 살아 있는, 체험된lived 공간의 차이들에 주목해야 한다. 밀양이라는 공간을 그중 하나의 사례로 논의해 보았다. 농촌공간을 현대문명의 타자로서, 고정 불변하는 이상적 공간으로 재현하는 한 농촌공간의 생산은 제한되고 추상화될 수밖에 없다. 목가적 시선을 넘어, 농촌공간을 근본적으로 다시 상상하는 공간적 상상과 실천이 필요하다. 그것은 농촌을 연구하고자 하는 사람에게도 예외가 아니다.

아는 그런 대북제재가 자신들에 미칠 영향에 더 큰 관심을 두면서 지정학적 정세는 매우 복잡하게 전개되고 있다.

북한 핵실험과 미사일 발사에 대한 한·미·일의 강경 대응에 중국과 러시아가 협조하지 않으면서 또다시 '남방 3각 대 북방 3각'이라는 냉전의 지정학 구도가 회귀하고 있는 듯하다. 북한에 대한 제재안을 둘러싸고 각 국가들의 지정학 코드geopolitical code가 상호 교차하고 있는 것이다. 지정학 담론에서 국가 중심 논리 그리고 힘의 논리가 설득력을 얻어 가고 있다. 한국이 제안한 북핵 문제 해결을 위한, 북한을 제외한 '5자회담' 개최에 미국은 지지하고 중국과 러시아는 반대하고 있다. 특히 '고고도미사일방어체계THAAD'의 한국 배치에 대한 논의가 진전 조짐을 보이면서 기존의 협력 분위기는 가라앉고, 이른바 남방 3각과 북방 3각 간 대치 국면이 심화되고 있다. 중국과 러시아는 그동안 사드 한반도 배치 가능성에 강하게 반발해 왔는데, 이는 사드 배치가 중국과 러시아를 봉쇄하려는 미국의 전략적 기도라고 보기 때문이다.

2016년 1월 16일 '아시아인프라투자은행AIIB'은 57개 회원국 대표들이 참여한 가운데 창립총회를 열고 공식 운영에 들어갔다. 한국은 이 기구에 창립 회원국으로 참여했으며 지분율은 3.81%로 전체 회원국 중 5위이다. 이 은행은 시진핑習近平 중국 국가주석이 제안한 국제금융기구로 아시아 개도국들의 인프라 투자에 지원하는 것을 목적으로 하고 있다. 미국이 세계금융질서를 주도해 온 현실에서 중국이 주도하는 은행의 출범은 새로운 형태의 금융질서가 형성되었다는 것을 의미한다. 특히 미국의 반대에도 불구하고 한국과 영국 등 미국의 전통적 우방을 포함해 57개국이 이 은행의 설립에 동참하게 되면서 변화된 중국의 힘을 실감할 수 있게 되었다.

한편 환동해지역에는 환동해 지역화 및 지역주의 과정이 전개되고 있다. 몇 년 전까지 중요하게 다루었던 환동해의 이런 흐름이 최근 한발 뒤로 물러난 듯하지만 자원, 에너지, 물류, 환경 등 부분에서 다양한 정책들이 점차 구체화되고 있다. 이런 맥락에서 중국의 '동북지역개발정책' 및 '일대일로一帶一路 전략', 일본의 '지방창생계획', 러시아의 '극동개발계획 2025'와 '선도지역개발계획' 등 다양한 정책들을 이해할 수 있다. 한국 정부의 '유라시아 이니셔티브' 구상과 각 지방의 발전 전략도 마찬가지이다. 특히 북·중·러 접경지역에서의 물류 및 관광협력의 가시화는 새로운 흐름으로 볼 수 있다.[5]

한편 북·중·러 3국이 공동 추진하는 '두만강 삼각주 국제관광합작구' 건설 사업이 중국 정부의 새로운 경제개발 5개년 계획에 포함돼 본격 시행된다. 러시아 관광청은 지난해 2월 두만강 하구의 국제관광구 조성안을 승인했으며, 북한 측도 나선특별시가 해당 합작구 건설에 참여하는 것을 비준한 것으로 알려졌다. 관광지역은 팡촨防川 일부, 하산, 나선시 일부가 포함되며, 지역 인프라망 건설은 3국이 공동 참여하는 조건으로 한다고 알려졌다. 이 관광구에는 총 30km^2 규모로 호텔과 골프장을 포함한 관광·레저·오락 시설이 종합적으로 설치될 계획이다.[6]

---

5 중국 훈춘에서 북한 나진항을 거쳐 중국 남동부로 들어가는 해상운송이 관심을 받으면서 훈춘이 물류 중심지로 떠오르고 있다. 미국의 소리 방송에 따르면 지난해 훈춘 세관을 통과해 나진항에서 중국 남동부로 운송된 화물이 무게로는 약 8,600톤, 액수로는 미화 약 280만 달러에 이른다 [「중국 훈춘-북한 나진항 해상 수송 활발」, http://www.nocutnews.co.kr(2016년 1월 30일 검색)]. 또한 훈춘 시는 국경을 맞대고 있는 러시아 연해주 국경도시 크라스키노Краскино의 국경검문소 현대화 사업에 대한 참여 의사를 발표했다. 훈춘 시 당국은 러시아와 새로운 지역협력 모델을 만들고 양국 공동발전에 기여하고자 이번 국경검문소 현대화 사업에 적극 참여할 것이라고 밝혔다[「중국 훈춘, 러시아 국경도시 크라스키노의 '국경검문소 현대화사업' 참여」, http://www.g-enews.com(2016년 1월 8일 검색)].

6 중국 신화망에 따르면 지린 성·북한 나선시·러시아 연해주가 추진하는 두만강 삼각주 국제관광구사업이 최근 열린 제18기 중국공산당중앙위원회 제5차 전체회의에서 지린 성의 주요 프로젝트로 확정되었다[「북·중·러 '두만강 국제관광구' 건설사업 본격 추진」, http://vip.mk.co.kr/news/view(2015년 10월 30일 검색)].

이런 복잡한 지역 정세는 "지역화와 지역주의의 불일치", "아시아 역설 Asia's paradox" 등으로 종종 묘사되곤 한다. 20세기 말 환동해지역이 동북아의 새로운 초국경협력지역cross-border cooperation region으로 발전할 것이라는 점에서 많은 관심을 받아 왔다.[7] 이런 초국경협력은 복합물류 네트워크, 연계 생산 네트워크, 에너지협력 네트워크로 발전하여 지역의 새로운 성장 동력으로 작용할 것으로 간주되어 왔다. 하지만 사회 간접자본의 취약, 각국의 안보 전략적 이해의 상충 등으로 그 전개는 매우 더디게 진행되고 있다. 물론 북한의 핵·경제 병진 노선이 지역 네트워크의 활성화에 핵심적 저해 요인으로 작용하고 있다.

환동해는 분리의 모습과 연결의 모습이 중첩되어 있다. 이 지역이 한편으로는 지정학적 경계로, 다른 한편으로는 지경학적 연계지로 작동하면서 다양한 담론들이 자라나게 되었다. 현실주의나 국가주의 그리고 고전 지정학 논리에서는 이 지역성이 갈등적 측면으로 이해되고 있다. 최근 미국에서는 '아·태지역 전략적 재균형' 전략, 일본의 보통 국가화, 중국의 대국화, 북한 핵실험, 한국의 핵무장론 및 한반도에의 '고고도미사일방어체계' 배치론 등 일련의 사건들이 지정학적 갈등론의 사례로 제시되고 있다. 한편 세계화 담론이나 협력주의 담론에서는 국가 간에 진행되고 있는 경제협력이 지역 흐름이고, 나아가 시대적·세계적 추세로 간주되고 있다. 단기적으로는 갈등이 형성될 수도 있지만 결국 지역협력이 증대될 것이라는 게 초점이다.[8]

7 20세기 후반부터 한·중·일, 나아가 한·중·일·러·몽 등 환동해 경제의 협력적 특성에 대한 많은 연구가 진행되어 왔다. 최승업, 『환동해peace sea vision 수립을 위한 기초 연구』, 강원발전연구원, 2004 ; 양기웅, 『동아시아협력의 역사 이론 전략』, 소화, 1999 ; 최재선 편, 『환동해 경제학』, 블루앤노트, 2015 ; 권세은 외, 『환동해지역의 비판적 성찰』, 경희대학교출판문화원, 2014 ; 강승호 외, 『환동해경제론』, 두남, 2014 ; 강태호·강재홍, 『북방 루트 리포트 : 환동해 네트워크와 대륙철도』, 돌베개, 2014 ; 이창주, 『변방이 중심이 되는 동북아 신네트워크』, 산지니, 2014 등.

지역의 협력과 갈등 현상을 단순화해 설명할 수는 없다. 국제사회에서는 협력과 갈등의 복잡한 관계가 항상 존재해 왔다. 국가 간 관계에는 안보적 동맹관계, 협력적 지역주의 관계, 실용적 기능주의 관계 등 다양한 협력과 갈등의 형태가 존재한다. 협력과 갈등에 대한 이분법적 접근이 아니라 종합적 접근이 필요하다. 지정학에 대한 재개념화 작업이 필요한 것이다. 통상적으로 플린트가 지적했듯이 지정학은 "세계를 보는 시각"이다. 그리고 지정학 코드는 "한 나라가 세계를 향해 자신을 투사하는 방식"을 말한다.[9] 지정학에 대한 논의는 코드화된 형식 질서를 해독하는 과정에서 출발하게 되는데, 결국 내용 속에 담긴 관계와 맥락을 탐구하는 것이 관건이다.[10]

논의는 국가 중심의 지정학 담론에만 머물지 않고 다양한 행위체의 지정학 담론까지로 확장되어야 한다. 이제 지정학이란 국가뿐 아니라 개인, NGO, 사기업 등 여러 행위자들이 다양한 영토 및 지역 네트워크에 대해 복합적인 실행과 표상을 도모하고 있는 것에 관심을 기울여야 한다. 네트워크 관점에서 지역은 연결성을 중심으로 다양한 지역 행위체들이 개방적 방식으로 구성된다는 입장이다. 반면에 영토주의는 국민국가의 영역성을 절대적인 것으로 받아들이면서 '국가주의'나 '영역주의'에 경도되어 있다. 각 담

---

8 지정학적 귀환의 논리에 따르면 러시아, 중국, 이란 등의 정책들은 미국식 규범 및 질서에 대한 도전으로 해석할 수 있다(Walter R. Mead, "The Return of Geopolitics : The Revenge of the Revisionist Powers," *Foreign Affairs*, May/Jun, 2014, pp. 69~79). 반면에 지역주의 심화 논리에 따르면 중국, 러시아, 이란의 행위는 지정학적 갈등이라기보다는 서구 민주주의 및 자유주의에 포위되어 가고 있는 국가들의 일시적인 반발이다. 그 어떤 나라도 글로벌 거버넌스체제를 바꿀 수 없기 때문이다(G. John Ikenberry, "The Illusion of Geopolitics : The Enduring Power of the Liberal Order," *Foreign Affairs*, May/Jun, 2014, pp. 80~90).

9 콜린 플린트, 『지정학이란 무엇인가』, 한국지정학연구회 역, 도서출판 길, 2007, p. 102.

10 남호엽, 「글로벌시대 지정학 비전과 영토교육의 재개념화」, 『한국지리환경교육학회지』 19(3), 2011, p. 373.

론에서는 영역성과 네트워크가 서로 대립하는 관계에 있는 것으로 상정되면서 각각의 논리로 상대의 존재를 무시하는 경향이 형성되고 있다. 하지만 양측은 독립된 작동기제의 실체가 아니다. 지역성은 역사적·사회적 특성이 표출되는 과정에서, 다양한 관계의 특성과 사회적 힘들 간 상호작용 과정에 의해 끊임없이 형태를 전환하는 과정에서 형성된다.

복잡한 지역성을 해석할 방법이 필요하다. 복잡하고 중층적인 지역의 현상에 대한 인식 방법의 전환이 필요한 것이다. 바로 인식론 측면에서 '관계론'으로의 전환이고, 이것을 학문적 영역으로 도입함으로써 '네트워크' 중심의 개념화가 의의를 갖는다. 오늘날 네트워크는 기술적 수준을 넘어 현대사회를 설명하는 개념으로 취급되면서 정치적·경제적·문화적 현상을 해석하는 데 동원되고 있다. 수많은 개념 및 인식론적 논의와 방법론적 도구들이 합쳐지면서 하나의 '네트워크 패러다임'이 형성되고 있다고 해도 무방할 정도이다.[11]

환동해의 지역성을 지정학적 시각에서 고찰해 보는 것이 이 글의 목적이다. 여기서 지정학적 시각이란 영토성 중심의 지정학과 연결성 중심의 지정학을 종합하는 '네트워크 지정학'을 의미한다. 영토성과 연결성은 서로 대립하는 개념이 아니라 관계적 존재론에서 결합된다고 볼 수 있기 때문이다.

---

11 민병원, 「네트워크의 국제 관계 : 이론과 방법론, 그리고 한계」, 『국제정치논총』 49(5), 2009, p. 391.

2. 네트워크[12]의 개념화

현대는 연결이 중요해지고 있는 세계화 시대이다. 그 연결성에 대한 심층적 이해 과정에서 네트워크 개념은 매우 중요해지고 있다. 이 개념은 공간적 측면뿐 아니라 사회현상적 측면에 대한 연구에서도 광범하게 사용되고 있다. 초기에는 관심이 주로 기술결정론적 메커니즘 분석에 한정되었지만, 점차 이 개념은 정치, 경제, 사회, 문화 등 다양한 변인에 의해 새롭게 구성되고 있다.[13] 이는 교통망 연구에서는 사람과 물자의 흐름과 조직이 형성되는 구체적 공간으로 인식되고, 사회적 관계에 대한 연구에서는 행위자 간 결속 및 상호작용 정도를 표현하는 추상적 공간으로 인식되고 있다.

네트워크 개념은 초기에 은유에서 출발해 점차 행위자-네트워크 이론actor-network theory, 복잡계 네트워크 이론complex network theory[14]과 같은 분석 방법으로 구체화되고 있다. 또한 무규칙 네트워크random network, 무척도 네트워크scale-free network, 좁은 세상 네트워크small world network 등과 같은 개념은 다양한 학문적 영역에 원용되고 있다.[15] 종합적으로 정리하면, 네트

---

12 '네트워크'라는 용어는 'network'에 대한 외래적 표기이다. 우리말로는 '망網', 또는 '관계망', '연결망'으로 표기되기도 한다. 하지만 '○○망'이나 '△△망'과 같이 명사 뒤에 붙여 쓰는 경우는 어색하지 않지만 단독으로 '망'이라는 용어를 사용할 경우 어색할 수도 있기 때문에 일상에서나 학술적 논의에서 '네트워크'가 보편적으로 사용되고 있다(허우긍, 「네트워크 이해하기」, 허우긍·손정렬·박배균 편, 『네트워크의 지리학』, 푸른길, 2015, p. 25 참조).

13 강장묵, 『뉴미디어와 소통의 정치학』, 한울아카데미, 2009, p. 42.

14 단순하다는 것은 구성요소 간의 상호 관계가 없음을 의미하고, 복잡하다는 것은 상호 관계가 복잡하다는 것을 의미한다. 세계는 관계로부터 형성되기 때문에 근본적으로 복잡계이다. 단지 복잡성 정도의 차이가 존재할 뿐이다.

15 네트워크 개념은 공학적 측면에서 출발했지만 이제는 사회현상을 넘어 인간의 존재와 본질을 건드리는 인문학적 개념으로까지 확장되고 있다. 특히 네트워크 안에서 살아가는 인간의 정체

대규모로 이루어졌다는 점을 들고 있다.[20]

어떤 논리든 복잡한 과정을 극단적으로 단순화시킨 신화일 뿐이다. 오늘날 광범한 지리적 확산과 함께 고도의 기능적 통합인 세계화 과정, 낮은 수준의 기능적 통합을 지닌 경제적 상호 의존 과정인 국제화 과정, 지리적으로 한층 한정된 것이긴 하지만 초국적인 규모의 상호 의존 과정인 지역화 과정 그리고 지리적으로 집중된 경제활동인 국지화 과정 등이 중층적으로 결합되고 있다.

세계화 과정은 지리적 공간을 가로지른 경제적 관계의 질적 전환으로 단지 양적으로 그치는 지리적 확산이 아니라는 측면에서 과거 국가들의 상호 의존 과정이었던 국제화와는 다르다. 세계화 과정은 단일의 글로벌 지리라기보다는 다중의 지리에 반영되고, 지역은 다중의 지리로부터 영향을 받게 된다. 세계화-국제화-지역화-국지화 과정의 중층성은 지역의 특성에 따라 다르게 나타나게 된다. 세계화는 최종 상태라기보다는 시공간적으로 불균등하게 작동하는 복잡한 과정으로 볼 수 있다. 이 과정에서 상호 연결의 성격 및 그 정도는 매우 유동적이어서 세계는 프리드먼의 주장[21]과는 다르게

---

20 Peter Dicken, 앞의 책, p. 7.

21 프리드먼의 논리에 따르면 지식과 자본이 생산되는 과정이 완전히 새로운 단계로 접어들었다. 정보통신기술의 발달로 국가 간 지식과 정보의 격차가 줄어들면서 세계는 평평한 경기장으로 전환된 시대가 열리고 있다는 것이다. 세계시장이 열리면서 국가 간 정치적 · 경제적 경계가 사라지고, 세계화의 긍정적인 효과가 양적 · 질적으로 실현될 것이라는 주장이 핵심이다(토머스 L. 프리드먼, 『세계는 평평하다』, 김상철 · 이윤섭 역, 창해, 2005). 반면에 스믹은 지구가 평평해지고 있다는 측면을 부정하지 않지만 그 효과가 긍정적이지만 않다는 점을 주장하고 있다. 여전히 문화적 경계, 국가 간 빈부 격차, 비민주적 정치체제의 경제력 확대 등은 부정적 효과들을 가져올 수 있다는 주장이다. 오늘날 세계가 직면한 현실은 1870~1914년과 비슷하며 결국 자유로운 국제질서를 해치는 상황이 올 수 있다고 주장하고 있다(데이비드 스믹, 『세계는 평평하지 않다』, 현대경제연구원 감역, 이영준 역, 비즈니스맵, 2009).

평탄하지 않고, 아직은 국경 없는 시대가 도래한 것이 아니다.[22] 또한 신자유주의자들의 주장처럼 언제나 좋은 것만은 아니며, 물론 반세계주의자들처럼 언제나 나쁜 것만도 아니다.[23]

오늘날 세계를 이해하는 핵심적 개념은 '연결성'일 것이다. 세계는 점점 더 연결되면서 모든 것이 복잡하게 연결된 네트워크라는 것이다. 세계화론 및 네트워크론에서 세계는 관계 속에서 존재한다는 관계적 인식이 힘을 얻게 되었다. '관계론적 사고relational thinking'가 새로운 사유를 담고 있다고 볼 수는 없다. 이미 오래전부터 동서양에는 관계론 개념, 유기체적 개념이 전해져 오고 있다. 하지만 인식의 대상, 연구의 대상으로서 '관계' 개념 자체가 사유 속으로 들어온 것은 시대적 특성과 관련된다.

관계적 존재론relational ontology에서 모든 것은 연결되어 있고, 모든 실재實在, reality는 '관계자關係子' 사이로부터 창발emergence된다. 세계는 자기표현적 성질을 생성하는 요소인 관계자들에 의해 구성된다. 관계자가 자기표현 상태를 자율적으로 만들어 감으로써 그 전체의 표현 상태가 변하게 되고, 관계자의 성질은 상호작용을 가능하게 하는 구속조건 아래 정해지게 된다.[24] 실체론에서는 주체인 개체가 명확한 경계와 분명한 정체성을 가지게

---

22 오마에 겐이치의 주장에 따르면 세계경제 질서가 변하면서 국경 없는 세계가 도래하여 민족국가는 그 종말을 고하고, '비즈니스 단위'인 새로운 지역국가가 출현한다. 여기서 국가는 18~19세기를 거치면서 형성된 중앙집권적인 정치적·경제적 단위로서 민족국가를 지칭한다. 저자는 세계화 물결 속에서 실제로 시장이 번성하고 있는, 보다 구체적인 지리적 단위인 '지역국가Regional State'가 새로운 세기의 주역이 될 것이라고 주장한다(오마에 겐이치, 『국가의 종말』, 박길부 역, 한언, 1999).

23 Peter Dicken, 앞의 책, pp. 8~9.

24 시미지 히로시清水博는 장소와 관계자 개념으로 생명관계학을 주장한다. 그의 논리에 따르면 관계자는 '장소'를 매개로 해서 자기언급적인 '장'을 창출하고, 이것을 자기의 구속조건으로 하고 있다. 관계자의 표현을 결정하는 것은 관계자 간의 상호 관계, 관계자와 장소의 관계이다(시미즈

되며 모든 현상이 개별 주체의 활동으로 인식된다. 여기서 관계는 개별 주체의 자기 확대, 영향력으로 간주된다. 반면, 관계론에서 개별적 실체는 존재의 궁극적 형식이 아니라 다른 체계들과의 상호작용을 통해서만 정의될 수 있으며 '관계'에 의해 형성되는 존재이다. 결국 주체는 연결 속에서만 실재이거나 비실재이며, 객체는 맺고 있는 연결 속에서만 존재하게 된다.[25] 이런 논리는 양자역학quantum mechanics, 동양의 연기사상緣起思想, 화이트헤드 A. N. Whitehead의 과정철학process philosophy 및 유기체 철학the philosophy of organism 등에서 핵심적 흐름으로 제시되고 있다.

관계론은 화이트헤드의 과정철학에서 잘 드러난다. 그의 사상에서 세계는 '실체'가 아니라 '현실적 존재actual entity'라는, 세계의 최종 구성단위가 구체화되는 끊임없는 과정이라고 본다. 따라서 '존재의 사건'이나 '인식의 사건'이 모두 '현실적 존재'의 자기 구성에 속하는 경험의 과정이다. 또한 당연시되고 있는 '시간'이나 '공간'의 개념도 어디까지나 추상물에 지나지 않는다. 구체적인 대상은 상호 관계에서 생성becoming되는 일련의 사건event이며, 지각 대상은 시간 속에 출현하는 형상이다. 결국 모든 대상은 반드시 사건의 장場 속에서 일정한 맥락을 가지고 다른 대상과 유기적 관계를 맺으면서 드러나게 된다.[26]

근대 이후 현실세계에서 '국가'가 중심 개념으로 자리 잡고 있다. 특히 네트워크에 의해 국소적인 것이 범세계적 환경과 밀접하게 연결되면서 국가의 역할이 세계화 논쟁과 더불어 관심의 대상이 되고 있다. 20세기 후반 전 지구적 네트워크가 국경을 넘나들게 되면서 곧 지리적 경계가 무너지고, 국경

히로시, 『생명과 장소 — 창조하는 생명의 원리』, 박철은·김강태 역, 그린비, 2010, pp. 32~33).

25 신영복, 『강의』, 돌베개, 2014, p. 41.

26 정연홍, 「화이트헤드의 과정철학에서 존재와 지각」, 『철학논총』 59, 2010, pp. 318~319.

내의 통치에 바탕을 둔 근대국가가 무력해질 것이라는 전망이 무성했지만 국가는 사생활과 공공영역에 오히려 더 많이 개입하고 있다. 그러나 국가의 역할이 팽창하고 있지만 네트워크 혁명 때문에 다양한 외부의 영향에 대해 효과적으로 대처하지 못하면 민족국가는 약화될 수밖에 없게 된다. 외적으로는 G7, WTO, EU, IMF, World Bank와 같은 국제적 통치기구 그리고 다국적 기업, 국제적 NGO의 역할도 증대되고 있기 때문이다.[27] 인접성의 원리와 연결성의 원리가 경합을 벌이며 후자의 원리가 많은 변화를 낳고 있는 상황에서 사람들이 결합하고 조직하는 양상에 변화가 생기고 있는 것이다. 연결 양상의 변화 그리고 결합 및 소속의 경계가 변하면서 장소의 공간 — 대표적으로 영토주의적 민족국가 — 에 뿌리박았던 보편성의 척도가 흔들리고 있다.[28]

복잡성이 증대되면서 구성요소들의 상호작용이 다양해지고, 비선형성non-linearity이 증대하게 된다. 이런 현상에 대한 해석에서 과거 담론에 기대어 '경로의존path-dependent적 경향'이 강조되기도 하고, 미래에 기대어 '새로운 세계의 창발적 경향'이 강조될 수 있다. 하지만 어떤 경우도 양 극단적 논의는 현실이 아니다. 기본적으로 관계적 존재론에서 복잡계의 역동성이 실재이기 때문에 국가 중심 실체론에서 이제 네트워크 관계론까지 포함하는 인식의 전환이 요구된다. 세계 및 지역성을 이해하는 과정에서 국가 지정학nation geopolitics을 포괄하고, 그리고 극복하는 네트워크 지정학network geopolitics이 요구된다.

---

27 홍성욱, 『네트워크 혁명, 그 열림과 닫힘』, 들녘, 2006, pp. 165~167.

28 이재열·안정옥·송호근 편저, 『네트워크 사회의 구조와 쟁점』, 서울대학교출판부, 2007, p. 5.

3. 네트워크 지정학

관계론에서든 실체론에서든 권력성 개념이 논의 핵심으로 등장한다. 네트워크 내 또는 네트워크 간 힘의 불균형성은 자연적 성격인 것이다. 네트워크의 행위자 간 역학관계의 성격이 국제 정세 논의 구도에서 최대 관심사인데, 이것은 바로 지정학 담론으로 연결된다. 지정학이란 영토에 대한 복합적 실행과 표상이고, 비판지정학critical geopolitics이란 지정학적 담론 내의 권력관계를 밝혀내는 실천이다.[29] 관계적 존재론에 기반을 둔 네트워크도 공간을 가정하고 있으며, 여기서 영역화가 필연적으로 발생하게 된다. 네트워크 영역성이 네트워크와 영역의 이분법을 극복하기 위한 개념으로 제시된다. 이 두 개념은 사회·공간적 차원들이 엉켜 있고 역동적으로 형태를 전환하기 때문에 어느 한 영역을 독자적인 메커니즘을 가지고 있는 것처럼 지나치게 강조할 수는 없다.[30]

네트워크 지정학에서 논의는 단순히 영토를 확장하고 보전하며 영향권을 결정하는 국가적 수준만이 아니라 전 세계를 대상으로 관계를 추진하는 기업, 단체 등을 포괄하는 수준으로 확대된다. 이제 권력은 단순히 영토를 통제하는 문제뿐만 아니라 흐름을 통제하는 문제, 정치적·경제적 경계를 뛰어넘는 네트워크를 구축하는 문제까지 포괄하게 되었다. 세계화 시대에 IMF

29 Flint Colin, *Introduction to Geopolitics*, London and New York, 2006, pp. 16~17.

30 영역성은 행위자들 사이의 권력관계가 네트워크를 통해 수행되고 재생산되는 영향권으로 개념화된다. 국가영역은 단순히 지도상 국경과 국제법으로 만들어지는 것이 아니라 통치성이 특정 공간적 범위 안에서 발휘될 수 있도록 만드는 여러 정치, 제도, 경제, 군사적 네트워크 작동을 통해서 국가의 영역성이 수행되고 지속적으로 재생산되어야 유지된다. 네트워크 영역성에 관한 내용은 다음을 참고. 박배균, 「도시-지역 연구에서 관계론적 사고를 둘러싼 논쟁 : '네트워크적 영역성networked territoriality'에 관한 소고」, 허우긍·송정렬·박배균 편, 『네트워크 지리학』, 푸른길, 2015, pp. 261~277.

나 WTO 같은 초국가 기구나 NGO, 지방정부와 같은 지정학적 행위자들이 지정학적 주체로 등장하고 있다. 그러나 국가와 네트워크를 단순하게 이분법으로 나누거나 아니면 네트워크가 국가를 대체한다는 논리는 오류일 수도 있다. 아직은 여러 부문에서 국가의 힘이 매우 중요하기 때문에 국가 중심 지정학 담론이 그 영향력을 유지하고 있다. 하지만 국가 중심 지정학과 네트워크 지정학 간 경쟁은 이미 시작되었다. 당분간 그 양측은 상대적으로 힘의 균형을 유지할 것이다.

국가전략[31]으로서 고전 지정학에서 사회적 다윈주의Social Darwinism 논리, 제국주의 논리가 정당화되었다. 이 논리에서 선진 문화가 보다 못한 문화의 영역으로 확장하는 것은 지극히 당연하고, 지구상 모든 지역을 위계적으로 분류해 그에 따른 전쟁, 합병, 식민지배 등과 같은 정치 행동들이 과학의 이름으로 정당화된 것이다. 이렇게 지정학은 권력과 공간 관계를 분석하는 도구로서, 때로 관계성을 정당화하는 도구로서 사용되었다.[32] 비판지정학에 따르면 지정학은 특정한 현상이나 재현representation이 영향력을 가지게 되는 문화적 현상에 불과하다. 비판지정학은 지정학을 담론적 실천으로 재규정하고 지리 지식을 권력관계라는 관점에서 절대자의 시각 및 관찰자와 관찰대상의 이분법적 구분을 거부한다.[33] 따라서 지정학적 해석은 결정론적이기

31 19, 20세기 고전지정학은 국력을 극대화하고 효율적으로 영토를 확장하려는 국가전략의 도구로 기능했다. 머핸Alfred Thayer Mahan처럼 해양력을 강조하거나 매킨더Halford Mackinder처럼 대륙을 중시하는 논리, 또는 니콜라스 스파이크먼Nicholas J. Spykman처럼 해양세력과 대륙세력의 접점을 강조하는 주변지역이론Rimland Theory 등 모두는 상황 구속적 견해를 중립적이고 사실적인 지적 체계인 양 정당화해 왔으며, 실제로 강대국의 정책에 크게 영향을 미쳤다.

32 문인혁, 「한반도의 지정학적 구조 분석과 국가전략 – 비판지정학을 중심으로」, 『전략연구』 22(2), 2015, p. 42.

33 그 주요 특징으로는 ① 특정한 발언statement이나 재현이 영향력을 가지는, 문화로서의 지정학과 재현의 지리이다. 이는 현실주의의 가정인 합리성, 지식의 중립성 및 객관성을 부정하고 조

들이 중첩되는 복합질서이다.[39]

전통적인 권력 이론이 상정하고 있는, 노드 중심의 물질적 권력론을 넘어서는 시도로서 네트워크 권력의 개념이 새로이 제시되고 있다. 네트워크 권력이란 노드 자체의 속성이나 노드가 보유하고 있는 자원이라기보다는 노드들 간의 '관계', 즉 네트워크에서 비롯되는 권력을 의미한다. 이런 복합적인 네트워크 권력을 누가 주도하느냐는 현실 세계정치의 지대한 관건이 아닐 수 없다. 패권세력이나 대항세력 모두에게 네트워크 권력을 행사할 기회는 열려 있다. 그럼에도 불구하고 패권세력이 네트워크 권력을 장악할 가능성이 높은 것은 사실이다. 즉 패권세력이 기존의 물질적 권력에 기반을 두고 네트워커나 스위처 또는 프로그래머로서의 권력을 교묘한 방식으로 재생산할 가능성이 매우 높기 때문이다.

네트워크 지정학(넓은 의미로서 지경학적, 지문화적 의미를 포함)이란 관계론적 시각에서 국제정치를 공간화하는 담론이다. 특정 공간에서 어떤 행위체가 어떻게 네트워크를 형성하여 관리하고, 그 네트워크들이 어떻게 중첩되어 있는지를 밝혀내는 것이다. 이를 통해 특정 지역에서 형성되고 있는 행위체 간의 협력과 갈등 관계를 설명해 낼 수 있는 유용한 접근 방법이다. 네트워크는 '특정한 경계'를 갖는 노드와 링크의 집합을 의미하며 네트워크 그 자체가 '분석의 단위'이자 '행위의 단위'인 것이다. 네트워크를 하나의 행위자로 보면 네트워크 권력은 "네트워크로부터 나오는 권력power from the network"으로 이해된다. 이는 일종의 행위자로서의 네트워크, 즉 '네트워커'가 행사하는 권력이라고 할 수 있다. 네트워크를 과정 차원에서 보면, 네트워크 권력은 "네트워크상에서 발휘되는 권력power on the network"으로 이해될 수 있다. 네트워크를 체제 차원에서 보면 네트워크 권력은 "네트워크 자체가

39 김상배, 「네트워크 세계정치 이론의 모색」, 『국제정치논총』 48(4), 2008, pp. 46~55.

행사하는 권력power of the network"으로 이해된다.[40]

네트워크는 상호작용을 통해서 노드와 노드들이 연결되어 링크를 만들어 가는 동태적인 '과정'이다. 이러한 층위에서 이해되는 네트워크란 노드의 집합이 보여 주는 '행위의 패턴'인 동시에 노드의 집합에 대한 일종의 '관리 양식'을 의미한다. 이러한 과정을 통해서 일단 네트워크가 형성되면 네트워크는 그 구성요소인 노드들의 행위를 제약하는 일종의 '구조', '질서'로서 작동하기도 한다.

모든 관계에서 핵심은 권력이다.[41] 자연적 공간이든 인식적 공간이든 사이버 공간이든 문제의 핵심은 '권력'이다. 따라서 네트워크에서 권력성의 형태, 즉 수평성과 위계성의 관계가 중요한 문제로 대두된다. 조직의 위계성 또는 중심성에 대한 대안으로 종종 네트워크성networkness을 제시하고 있지만 네트워크는 이상적 형태인 리좀rhizome과는 달리 지배성, 중심성을 극복하지 못하고 있다. 결국 네트워크가 자동적으로 수평적이지도, 진보적으로 전개되지도 않는다.[42] 권력은 부당한 억압기제가 아니라 인간이 사회와 관계를

40 김상배, 「네트워크 권력의 세계정치」, 『한국정치학회보』 42(4), 2008, pp. 391~397, 400.

41 모든 관계는 근본적으로 위계적 권력체계이다. 생산관계, 분배구조, 사회구조 등 모든 구조는 지배집단의 권력에 의해 지배 받고 있으며 그 사회적 가치와 비용의 계산이 체계적으로 지배집단에 유리하게 짜인다. 현실의 경제관계는 자본주의에서든 사회주의에서든 권력이 좀 더 큰 쪽에서 권력이 약한 쪽으로 위계관계가 형성된다. 소련에서 공산주의 경제가 중앙계획기구의 명령에 따라 인적 · 물적 자원의 배분이 결정되는 위계적 체계였다면, 1990년대 이후 자본주의에서는 자본과 시장에 따라 인적 · 물적 자원의 배분이 위계적으로 결정되는 체제라 할 수 있다. 공산당 관료들이 국가기구 이름을 빌려 행하던 지배와 통제가 이제는 '주주' 및 소유자의 이름으로 자본주의적 경영 방식으로 행해지는 차이가 있을 뿐이다. 러시아에서 형성된 '과두체제'는 이러한 과정을 잘 드러내고 있다(조하나 보크만, 『신자유주의의 좌파적 기원』, 홍기빈 역, 글항아리, 2015, p. 573).

42 김석현, 앞의 논문, p. 102.

맺는 방식 자체를 만들어 가는 가치중립적 개념으로 볼 수 있다.[43] 단지 그 성격 및 형태가 시대적으로 변할 뿐이다.

상호 의존의 심화는 안정성 취약의 원천이 될 수도 있다. 자연현상뿐 아니라 지정학적, 종교적 분쟁은 상호 의존이 심화된 세계에 영향을 줄 가능성이 커질 수 있다. 동북아지역은 새롭게 연결성이 역동적으로 성장하는 지역인 만큼 그 과정이 복잡해질 수 있다. 세계화 시대에 지역 또는 국가 경계의 불명확성과 범위의 확장은 지역과 국가의 성격을 변화시키고 있다. 이런 전통적 국가에 대한 회의에서 네트워크 국가론network state이 등장했다. 국가는 안으로는 신지역주의new regionalism 경향, 밖으로는 자유무역지대와 같은 경제통합 경향으로 약화되고 있다. 또한 국제적 비정부조직, 국가 간 협의체의 형성은 국가라는 경계를 넘어가는 새로운 현상임이 분명하다. 이런 맥락에서 신지역주의new regionalism, 초국경지역de-bordering region, 거대도시mega-city, 생산네트워크production network, 세계적 인구 이주diaspora, 지역연합체federation of regions, 국제적 비영리기구international NGO, 연성권력soft marketing, 네트워크 국가network state 등의 논리가 세계 및 지역 수준의 네트워크와 관련해 등장하고 있다.[44]

세계는 분명 변하고 있고 계속 변할 것이다. 그 미래는 특정 맥락과 장소에 제약을 받는다. 상호 관계가 증대되면서 갈등과 협력 과정에 다중 행위자multiple actor들이 비대칭적 권력관계로 연결되어 있다. 세계의 경제는 전

---

43 아즈마 히로키, 앞의 책, p. 304.

44 개인 층위에 관한 네트워크 개념 및 이론으로는 작은 세계small worldliness, 신사회운동 new social network, 소셜 네트워크 서비스Social Network Services 등의 개념이 있고, 조직 층위 관련 개념 및 이론으로는 네트워크 조직network organization, 포스트모던 조직postmodern organization, 이종 결합조직hybrid organization, 산업클러스터industrial cluster, 행위자 연결망actor network theory, 사회적 기업social enterprise 등을 들 수 있다. 김석현, 앞의 논문, p. 117.

지구적global인데 그 정치는 국가적national이라는 점에서 세계질서, 지역질서의 딜레마가 있다. 이런 정치의 공간과 경제의 공간의 불일치에서 긴장, 갈등, 모순이 발생하게 된다.[45]

네트워크의 연결성과 그 역학관계에서 행위자 간의 불평등은 복잡한 실제를 형성하게 된다. 상호 연결된 체계를 이해하는 과정에서 다양한 시각이 파고들 수 있다. 실제를 제대로 이해하기 위해서는 세계를 '세계적-국지적' 이분법으로 인식하는 방법을 극복할 수 있는 방안을 모색해야 한다. 공간을 인식하는 데 있어서 세계적·국가적·지역적 개념이 도움이 될 수도 있지만, 네트워크 지정학 관점은 우리로 하여금 공간을 일련의 단절된 '상자'라기보다 연속체로서 사유하게 한다. 국지화된 지역에서 질서 형성 과정의 누적적 특성은 경로의존적으로 볼 수 있다. 지역성은 이 지역의 독특한 역사에 의해 하나의 패턴으로 고착하기 때문이다. 동시에 이 경로의존성은 지속성 측면에서 항상성을 내포하고 있지만, 새로운 질서가 형성되는 분기점을 지니고 있기 때문에 결정론적이지는 않다는 점이 중요하다.

4. 환동해의 네트워크성networkness

환동해에는 이종적heterogeneous 네트워크가 다양한 형태로 구성되어 있다. 환동해지역성이란 지역의 '현실적 상태', 즉 역사적·사회적 구성물로서 실재를 의미한다. 이 지역의 실재를 설명하는 적절한 개념으로는 '비동시성의 동

45 E. Balibar, *We, The People of Europe?*, Princeton & Oxford : Princeton University Press, 2004, p. 265.

시성the contemporaneity of the uncontemporary'[46]이 제시되고 있다. 이 지역에는 다양한 시간대에 존재하는 사회적 요소들이 공존하고 있는데, 유교적 사고 방식과 산업화 시대 논리, 국가주의 논리와 세계화 논리, 농업 사회의 가치와 디지털 사회의 가치 등 다양한 시대의 논리와 가치가 결합되어 있다. 이런 현상은 모든 사회에서 필연적으로 나타나는 것이지만 환동해의 지역적 특성으로 간주되는 것은 다양한 논리나 가치의 '존재의 차이'라기보다는 그 결합이나 압축 '정도의 차이' 때문이다. 이 특징은 내적 역학에 따라 발전하는 서구와는 다르게 외적 역학에 의해 강제된, 그리고 압축된 근대화 과정에 기인한다고 볼 수 있다.[47] 이런 맥락에서 환동해는 영토성과 민족성에 기초하는 국가화 담론, 탈영토성을 추구하는 세계화 담론의 중층성 정도가 유럽지역보다 심하다는 점이 설명될 수 있다.

환동해지역성의 현실적 상태에 영향을 미치는 주요 요소는 세계화이다. 이 지역의 국가주의와 탈국가주의의 이중적 경향은 세계화의 시간대와 이에 적응하는 지역 시간대의 부정합 때문이라 볼 수 있다. 이 지역에서 근대화와 세계화는 내재적인 자기조직화 과정으로 전개되기보다는 타자조직화 과정으로 수용된 측면이 있다. 같은 맥락에서 상호 협력의 제도화가 유럽에서처럼 점진적이고 계기적으로 발전하기보다는 국가주의와 지역주의가 결합되어 극렬한 상충 과정을 겪으면서 동시적으로 전개되고 있다.

---

46 이 용어는 독일 철학자 에른스트 블로흐Ernst Bloch가 1930년대 독일 사회를 규정하면서 사용한 개념이다. 이는 다양한 시대에 존재하는 사회적 요소들이 같은 시대에 공존하는 현상에 대한 표현이다(권세은,「왜 비판지역학인가 : 환동해학의 인식체계」, 권세은 외,『환동해지역의 비판적 성찰』, 경희대학교출판문화원, 2014, p. 33).

47 일정 정도 자율성과 안정성을 유지하던 주변부 국가들이 세계사적 시간대로 편입되면서 식민지 과정을 겪어 왔다. 이 과정은 내적 사회 역학에 의해 초래되는 것보다 훨씬 더 강압적인 작용과 반작용의 양상을 띠게 된다(강정인,「한국 현대 정치의 이념적 지형 : 비동시성의 동시성의 관점에서」,『넘나듦通涉의 정치사상』, 후마니타스, 2013, pp. 275~309 참고).

한편 환동해지역에서 지정학적 경향은 네트워크의 권력성 추구 및 세력 균형에서 찾을 수 있다. 중국은 경제력과 같은 물질적 권력을 기반으로 미국과 신형 대국 관계를 형성해 동북아시아에서 지역 네트워크 설계자로서 권력을 확보하고자 추구하고 있다. 이런 맥락에서 일대일로 정책, 아시아인프라투자은행AIIB 설립, 역내 포괄적 경제동반자협정RCEP 추진 등은 해륙 물류, 경제, 금융체제 차원에서 네트워크 권력을 재생산하려는 중국의 시도로 볼 수 있다. 러시아의 경우, 물질적 자원과 위치 권력을 기반으로 에너지 및 물류 네트워크에서 스위처 또는 프로그래머로서 권력을 확보하는 방향이 지정학적 정책이라 볼 수 있다. 일본의 경우, 미국의 네트워크에 편승함으로써 그 효과를 극대화하는 정책을 전개하고 있다.

냉전시대에 동해는 미국과 일본이 통제하던 공간이 되면서 환동해가 미국의 지정학 코드 및 이데올로기 지정학 코드에 따라 해양과 대륙을 구분하는 경계, 대륙을 봉쇄하는 지역으로 설정되었다. 이 지역에서 미국의 지정학 코드가 정당화되고, 미국 주도하에 환동해 질서가 관리되었다. 하지만 탈냉전시대에 접어들면서 '이데올로기 지정학'이 힘을 잃고 네트워크 지정학이 힘을 얻자 환동해는 다양한 지정학 패러다임이 경쟁하는 지역으로 전환되고 있다.

중국의 전략이 방어적인 안보선을 넘어 점차 해양 네트워크의 형성을 지향하면서 중국의 영향권은 인도양 연안에서 이제 동해까지 확대되기 시작했다. 러시아 또한 단절되었던, 동해에서 동남아시아로 연결되는 과거 소련 시기 해상 네트워크를 복구하려 하고 있다. 이렇게 각 세력들의 전략선이 동해바다에 교차하면서 환동해 질서가 새로운 양상을 띠게 되었다. 특히 동해에서 미국과 일본의 지정학적 전략에 대항하는 중국과 러시아의 전략적 협력이 특징적으로 나타나고 있다. 이렇게 각국의 지정학 코드가 환동해-동북아-세계 수준에서 중첩되고 있는 것이다.[48]

와 정도의 의제를 혼합해 존재와 정도의 차이를 무너뜨린 경우이다. 지역성과 관계성을 당위적 이미지 속이나 국가와 민족의 이미지 속에 환원하면서 법칙 정도로 취급하게 될 경우, 다양한 층위에 촘촘하게 존재하는 관계성이 제거되고 실체적 속성만 남게 될 수 있기 때문이다.

오늘날 환동해는 중화세력·북방세력·해양세력이 상호 교차하는 지정학적 공간으로 자리 잡아 가고 있다. 환동해는 최근까지 국가적으로나 지역적으로 변방이었으나 오늘날 새로운 연결 및 네트워크의 허브hub로 관심을 받고 있다. 그러면 환동해에 대한 관심이 확산된 원인으로 외적으로 세계화, 내적으로 민주화를 들 수 있다. 국제적·지역적 수준에서 냉전체제가 해체됨에 따라 이념적 요소가 약화되고 경제적 요소가 중요하게 대두되었다. 한편 국내 수준에서 정치적 민주화로 낙후된 지방발전이 관심을 받게 되고, 경제적·사회적으로 타 국가와의 협력을 선호하는 세력(시장, 지방정부, 시민단체 등)이 국가정책에 영향을 미치게 되었다.[52]

환동해의 현 상태는 지방에서 글로벌에 이르기까지 다양한 네트워크가 중첩되고 있다.[53] 지방local·국가national·지역regional·글로벌global 수준이 중층화된 공간으로 전환되고 있다. 국가nation를 축으로 하는 국제international·

52 환동해에 대한 관심은 각국 내 낙후지역의 개발을 동해 연안지역과의 교류를 통해 달성하려는 지방 발전전략의 일환으로 출발했다. 환동해협력은 자원(러시아, 몽골), 자본(일본, 한국), 기술(일본, 한국), 노동력(중국, 북한) 등 경제적 상호 의존성으로 인해 급속하게 진행될 것으로 간주되고 있다.

53 지방 간 자매결연과 같은 양자 협력이 활발하게 전개되는 가운데, 다자간 협력이 특징적으로 나타났다. '환동해경제권' 그리고 '환황해경제권'의 논의는 한국과 일본, 중국의 지방정부가 주도하고, 러시아, 보다 넓게는 몽골의 지방정부가 참여하면서 구체화되어 왔다. 특히 '광역두만강개발계획GTI'은 동북아지역에서 다자기구 형성의 가능성을 보여 주고 있다. 환동해지역의 횡지방적 네트워크의 사례로는 '동북아자치단체연합', '환동해권거점도시회의', '환동해권지방정부지사·성장회의', '한일해협권지방정부회의' 등이 대표적이다.

국가national·국내intranational 스케일로 환동해지역의 지정학적 특성을 개념화하는 데에는 한계가 있다. 국가화-지역화-지방화 수준이 중첩되면서 복잡한 지정학적 특성이 형성되고 있기 때문이다. 따라서 환동해지역성을 국토와 국민 경제의 관점에서 파악하는 영토성 개념으로 환원해 이해할 수는 없고, 국경을 초월한 새로운 관계, 연결성 개념으로 환원하는 것 또한 한계가 있을 수밖에 없다. 이 지역에서는 민족주의, 국가주의를 부정하고 없는 것처럼 객관화할 수 없을 뿐 아니라 세계화라는 시대적 상황에서 민족국가의 영토성을 중심으로 이 지역을 객관화할 수도 없다. 시대가 변화하면서 국가성과 지역성을 구성하는 논리와 그 구성요소가 변화하고 있기 때문이다.

5. 결론

이 글의 초점은 환동해지역성을 '네트워크 지정학'으로 고찰해 보는 것이다. 19~20세기 국제사회를 읽어 내는 키워드가 민족국가, 지정학, 현실주의, 제국주의 등이었다면, '시공간의 압축'이 보편화되는 현 시점에서는 시대적·사회적 변화를 이해하는 개념으로 '네트워크'가 관심을 받고 있다. 지역성을 이해하는 데에서 연결성이 중요하게 다루어지고 이에 대한 인식 방법으로서 네트워크 패러다임이 강조되는 것도 같은 맥락에서 이해할 수 있다.

시대적·사회적 특성을 설명하는 과정에서 개념들에 대한 일정 정도의 추상화는 피할 수가 없는데, 이 추상화 과정은 각기 고유한 인식론에 기초하게 된다. 민족국가화 과정 시기에 국가는 실체로 인식되었다. 실체적 존재론에서는 세계가 명확한 경계를 갖는, 분명한 정체성을 지닌 주체로 설정된다. 하지만 세계화 및 지역화 과정에서는 지역을 인식하는 핵심적 개념으로 연결성이 등장하게 되고, 관계론이 인식론적 기초로 작용하게 된다. 관계적 존재론에서 실재는 연결 속에서 자신의 실존을 끊임없이 구성해 가는 과정적 존재이다. 과정적 존재로서 네트워크는 연결을 통해 자신의 정체성(경계와 동일성)을 생성·유지하면서 다른 개체(타자)와 상호작용하며 타자를 변화시키고 타자에 의해 영향을 받는다.

실재가 과정적 존재인 이상 이는 과거와 미래가 날카롭게 구분된 어떤 추상적 점點이 아니라 일정한 폭幅 속에서 존재하게 된다. 우리가 인식하는 대상은 현실적 존재로서 경험의 직접적 주체가 되지만 과거는 원인으로, '미래'는 예상의 형태로 각각 '현재' 속에 내재하게 된다. 화이트헤드의 논리에 따르면, 과거의 사건들은 인과적 효과성causal efficacy의 지각을 통해 파악되고 미래의 사건들은 예기적 지각anticipatory perception을 통해 파악된다.[54] 지속하는 순간에 새로운 실재를 창조하는 연속성이 있고, 동시에 다른 국면의 불연속성이 형성된다고 봐야 할 것이기 때문에 현실적 존재는 영속적임과 동시에 불연속적인 존재인 것이다. 일정한 폭을 지니고 있는 바로 '현재'에서 그 지역의 속성은 과거의 영속성(경로의존성)으로 해석될 수도 있고, 또는 새로운 질서의 형성(창발성)으로 해석될 수도 있다. 정지되어 있고 객관적이라 하는 실체론 패러다임에서는 과정적 존재인 실재와 그에 대한 인식에서 비대칭이 발생하게 되는데, 이것이 현상에 대한 인식 과정에서 오류의 근거로 작용하게 된다.

오늘날 세계는 급속히 변하고 있다. 특히 정보통신, 컴퓨터의 혁명적 변화로 형성되고 있는 네트워크 혁명으로 상호 관계의 성격이 변하고 있다. 세계화, 정보화, 포스트모더니즘, 인터넷 시대, 탈근대, 탈산업화, 탈휴머니즘, 지식사회 등 동시대를 규정하는 많은 용어 중 지금의 변화를 완벽하게 포착

54 문창옥, 「시간과 궁극자의 범주」, 『화이트헤드 연구』 15, 2007, p. 52.

하는 표현이 '네트워크'일 것이다.[55] 그러면 변화하는 세계를 설명할 수 있는 개념의 틀이 존재할까? 네트워크 시대의 지역성을 읽어 내는 인식론의 형성이 필요하다. 물론 네트워크 시대가 도래했다고 해도 평등 세계가 실현되고, 세계 평화가 정착되는 것은 아니다. 관계는 진공 상태에서 형성되지 않고, 힘의 불균형 상태 또한 당연하다. 단지 정도의 차이가 존재할 뿐이다. 지역에서 상호 연결성은 필연적으로 정치적으로 구성될 수밖에 없고, 그 과정에서 네트워크 지정학이 형성된다고 볼 수 있다.

환동해에서 국가 담론에 의해 형성된 질서와 지역화 담론에 의해 형성될 질서가 중첩되면서 다양한 지정학 행위자들이 힘겨루기를 하고 있다. 영역주의 관점에서 세계주의 관점까지 펼쳐진 스펙트럼에서 네트워크 영역으로서 '현재'의 지역이 위치하고 있는 것이다. 한편으로는 미·중 패권경쟁, 일·중 갈등 그리고 북핵 문제 및 사드 한반도 배치와 관련한 주변국들의 지정학 코드의 충돌 등으로 국가 담론인 '고전 지정학의 부활'이 설득력을 확보해 가면서 현실주의 국제 관계관이 힘을 얻고 있다. 다른 한편으로는 자유무역협정 체결, 환경협력회의, 관광특구개발, 경제적 상호 의존성 증대 등 지역화와 지역주의 발전이 계속되면서 새로운 질서의 형성이 점쳐지고 있다.

문제는 이런 복잡한 사건이 정치·이데올로기적 스펙트럼에 걸쳐져 있다는 것이다. 이 스펙트럼에서 복잡한 현상이 지나치게 단순화되어 수많은 하위 담론들을 생산해 내고 있다. 어떤 논리든 복잡한 과정을 극단적으로 단순화한 신화일 뿐이다. 정주의 공간space of stay에서 흐름의 공간space of flow으로의 전환turn, 유착적adhesive 경향에서 유동적shifting 경향으로의 전환, 노드node에서 링크link로의 전환, 소유적 권력possessive power에서 접속적 권력connective power으로의 전환, 수직적 위계hierarchy에서 수평적 민주주의로

55 홍성욱, 앞의 책, p. 19.

의 전환과 같은 '전환논리'는 또한 이분법적 한계를 극복하지 못하고 있다.

오늘날 시공간은 점점 축약되면서 다양한 네트워크 형성이 시대적 특성으로 간주되고 있다. 교통 네트워크, 물류 네트워크, 자본 네트워크, 에너지 네트워크, 특히 정보 네트워크는 폭발적으로 성장하고 있다. 이런 시대적 변화에서 환동해에는 시행착오를 겪을 수는 있지만 과거 수직적 위계질서와는 다른 지역질서가 형성될 수도 있다. 지정학 측면에서 과거 공식적 동맹체계 및 세력균형체계의 형태가 비공식 동맹체계 형태로 변할 수도 있다. 향후 질서는 19~20세기 형태가 아니라 비공식, 암묵적 동맹체계가 작동하는 형태로 태극권 밸런스 형태를 띨 수 있다. 태극권 밸런스란 균형이 되었는지 안 되었는지 확실히 알지 못한다는 것이다.[56] 동북아에서 대륙-반도-해양의 어느 한 세력이 꼭짓점에 위치하는 삼각형의 지배구도가 아니라 둥근 원처럼 각자가 중심이 되면서 돌고 도는 둥그런 원의 다이내믹한 순환구도가 형성될 수도 있다.[57]

지구적 차원에서 네트워크의 수준은 복잡하다. 근대 이전에 소단위 네트워크는 자체적인 커뮤니티를 형성했기 때문에 내적으로는 네트워크, 보다 큰 환경에서는 실체로서 행위자였다. 따라서 국제 관계에서 링크의 힘보다는 실체의 힘이 강해지면서 실체의 속성이 링크의 속성을 지배했다고 볼 수 있다. 하지만 세계화가 보편화되면서 이제 확장될 외부는 존재하지 않게 되었다. 지구촌이라는 세계에는 내부만 존재하기 때문에 링크와 노드의 힘의 관계가 변하게 되었다. 환동해에는 지구·지역·국가·지방 차원에서 국가·시장·시민사회 등 다양한 관계자에 의한 국가화·지역화·지방화 과정이 중첩되고 있는 것이다.

---

56 후나바시 요이치, 『축의 이동』, 오대영 · 김동호 역, 중앙북스, 2010, p. 240.

57 이어령, 「한국, 어디로 가야 하나」, 『중앙일보』, 2004년 1월 5일.

지역성은 맥락의존적context-dependent이고 역사의존적history-dependent이다. 이렇듯 한반도의 현 상태는 환동해에서의 역사적이고 지정학적인 생산물인 것이다. 한반도가 상대적 수준에서 객관화되어 '네트워크' 개념으로 표상될 수도 있지만, 실제로는 '환동해'라는 복합적인 지정학적 구도에서 이해될 수밖에 없다. 한반도의 성격은 중국과의, 일본과의, 미국·소련과의, 그리고 세계화와의 관계와 같은 시공간적 관계성에서 설명될 수밖에 없는 것이다. 이런 관계의 역사성을 고려한다면 지역의 현 상태에 대한 이해 방법으로 네트워크 지정학은 의의가 있다. 네트워크 지정학은 세계화 시대에 지역현상을 이해하는 데 있어서 적용 범위가 매우 넓다. 특히 기존의 강대국 그림자를 해석하는 과정에 지나지 않았던, 부정적이고 소극적인 지정학적 이해를 극복하고 새로운 환경에 적합한 전략을 모색할 수 있는 인식의 틀로서 활용될 수 있다.

오늘날 우리가 살고 있는 환동해는 은유적으로 표현하자면 질서와 무질서의 경계인 혼돈의 가장자리the edge of chaos에 위치하고 있다. 이 비평형 상태에서는 변화와 안정, 협력과 경쟁이 역동적으로 균형점을 찾아가는 장場이 형성된다. 지역질서 형성 과정은 점차 실체성보다는 관계성에 더 영향을 받게 될 것이다. 공간과 시간의 고정성을 넘어 시공간의 새로운 관계성을 이해할 필요가 있다. 북핵 문제와 사드의 한반도 배치 문제와 같은 군사 안보 문제나, 독도 및 센카쿠 문제와 같은 영토 문제에서 네트워크 담론과 국가 담론이 경쟁하면서 중첩되고 있다. 강자의 입장에서는 고전 지정학 담론의 부활이 현재의 패권 질서를 유지하거나 강자의 논리를 정당화하는 역할을 할 수 있다. 바로 지금이 지정학적 담론에 의해 혼란을 거듭해 온 환동해가 단층적이고 일차원적인 공간을 가정하는 부정적인 지정학적 코드가 아니라 중층적이고 입체적인 네트워크 지정학적 코드를 고민할 시점이다.

비외른Björn과 쇠더바움Söderbaum이 제시한 '지역성Regionness' 수준이 환동해 지역에서는 그다지 높지 않다는 점일 것이다. 비외른과 쇠더바움은 '지역성'에는 5가지의 레벨 즉 지역 공간, 지역복합체, 지역사회, 지역공동체, 지역국가가 있다고 지적하였다. 비외른과 쇠더바움에 따르면, EU는 '지역국가' 레벨에 달하고 있으나, 환동해지역은 '지역복합체' 레벨에서 '지역사회' 레벨에 이르러 있다고 평가할 수 있을 것이다. 비외른과 쇠더바움이 제시한 '지역성'의 5가지 레벨을 정리하면 표 1과 같다.

더욱이 환동해지역이 지역성의 레벨이 낮고, 동시에 다국 간 안보협력기구가 존재하지 않는 원인에 대해서도 다양한 측면에서 논의가 이루어지고 있는데, 그중에서도 자주 지적되는 중요한 요인 가운데 하나는 내셔널리즘이다.[1] 이와 같이 각국의 내셔널리즘이 지역협력의 추진에 장애물로 작용하고 있음에도 불구하고, 각국의 정치지도자들이 자주 지역주의에 대해 언급하는 것은 김미경이 적절히 표현하고 있는 바와 같이, "조직된 위선"[2]이라고 하지 않을 수 없을 것이다. 또한 콜더Calder와 위에Ye가 제기한 "결정적 계기critical juncture",[3] 즉 환동해지역에는 한국전쟁이라는 결정적 계기로 구축된 질서가 남아 있는 상황 속에서, 이것을 근본적으로 재편할 수 있을 만큼 강력한 에너지를 공급하는 새로운 결정적 계기가 아직 일어나지 않은 점이 환동해지역에서 제도화된 다국 간 안보협력기구 부재의 원인이라고 하는 설명도 주목할 만하다.

---

1 예컨대 최진우, 「민족주의와 동북아시아 지역협력」, 『JPI정책포럼』 (2014-25), 2014 참조.

2 김미경, 「조직된 위선과 동아시아의 지역통합 : 동아시아 지역통합의 제도적 저발전에 대한 이론적 소고」, 『아세아연구』 53(4), 2010 참조.

3 Kent Calder and Ye Min, "Regionalism and Critical Junctures: Explaining the 'Organization Gap' in Northeast Asia," *Journal of East Asian Studies*, Vol. 4, No. 2, 2004 참조.

표 1 '지역성'의 레벨

레벨	의미
지역공간 regional space	산재하는 소규모의 여러 공동체가 물리적인 거리에 의해 상호 간의 접촉과 교류가 일어나고 있는 상황
지역복합체 regional complex	상호 분리되어 존재하는 소규모의 여러 공동체 간의 접촉, 교류, 거래가 증가함에 따라 하나의 사회 시스템이 형성되어 지역의 아이덴티티가 싹트는 상황. 단, 이 단계에서의 교류 등은 호혜성이나 상호 신뢰에 기초한 것이 아니라 근시안적이자 이기적인 이익추구에 의한 것으로 불안정성이 내재되어 있는 상황
지역사회 regional society	국가를 비롯한 다양한 행위자 간에 다양한 레벨에서 복합적인 상호작용이 일어나 국경의 의미가 약화되고, 행위자 간의 관계가 규칙에 기초하여 형성되는 상황
지역공동체 regional community	지역이 독자적인 아이덴티티를 구축하고 행위자로서 능력을 구비하여 아이덴티티가 인정되는 의사결정구조를 갖는 상황
지역국가 regional state	기존 정치단위의 자발적인 주권통합에 의해 형성된 분권적이고 중층적인 거버넌스를 특징으로 하는 지역기구가 시장 통합, 대외적인 안보, 대내적인 치안, 사회정책 등의 기능을 담당하는 레벨

* Hettne Björn and Fredrik Söderbaum(2000, 463~468)

바로 이와 같은 이유로 환동해지역의 안보 지형은 결코 안정되어 있다고 볼 수 없다. 오히려 '폭풍 전야의 고요'가 오늘날 환동해 안보 현실을 가장 잘 대변하는 표현일 것이다. '폭풍'은 글로벌 수준에서의 패권을 둘러싼 미국과 중국의 전략적 대립이 마침내 충돌하여 폭발하는 것을 의미한다. 이러한 폭풍이 현재화할 것인지, 한다면 그 시기는 대략 언제쯤이 될 것인지에 대해서는 논의의 여지가 있을 수 있겠지만, 분명한 것은 오늘날의 '고요'가 점차 스산해지고 있다는 점이다. 그것은 미국과 중국 사이의 무력이 시차를 두고 환동해지역에서 전개되고 있기 때문이다. 더욱이 한국과 일본 사이의 역사 및 대중인식상의 갈등, 중국과 북한 사이의 혈맹인식의 이완과 같이, 전통적인 진영론의 관점에서 볼 때 동일 진영 내에서 파열음이 일어날 가능성도 상존

한다. 그리고 이러한 요인들이 모두 환동해 안보 현안이 되고 있다. 이들 안보 현안은 제각각 독립된 현안이면서도 동시에 상호 밀접하게 연계되어 있다. 환동해 안보 현실의 이해와 그 해결 방안의 모색이 용이하지 않은 점은 이 때문이다. 복안複眼적인 사고가 필요한 이유이기도 하다.

2. 환동해지역 안보 현안

(1) 북핵·미사일 문제

오늘날의 주요한 환동해지역 안보 현안 가운데 북핵·미사일 문제는 현재화한 실제적 현안이라고 할 수 있다. 널리 알려진 바와 같이, 북한은 김정일 시대의 이른바 선군사상, 김정은 시대의 핵·경제 병진竝進정책 등을 내세우고 있다. 이는 북한 정치체제가 군사국가를 근간으로 함을 보여 준다. 김정은 시대에 이르러 경제에 다소의 중점을 둠으로써 '병진'을 내세우고는 있다. 그러나 그것이 병진인 이상, 북한 정치체제가 여전히 군사에 정치적·전략적 우선순위를 두고 있다는 사실에는 변함이 없다. 북한의 핵무기나 미사일의 개발 및 실험은 이러한 군사 우선 정책의 구체적인 행동인 동시에 최종적 목표이다.

북한의 선군사상 또는 핵·경제 병진정책의 궁극적 형태가 핵과 미사일의 개발 및 실험이라는 점은 사실 어떤 의미에서는 취약한 북한 경제를 반영한 것이라 할 수 있다. 이미 남북한 사이의 경제적 격차는 역전을 상정하기 어려운 정도로 현격한 차이를 보이고 있는데, 이는 북한이 한국을 상대로 경제력이 뒷받침된 재래식 무기경쟁을 하는 것이 사실상 불가능해졌음을 의미한다. 따라서 북한이 핵과 미사일의 개발 및 보유에 집착하는 것은 이러한 재래식 무기경쟁에서의 열세 상황을 일거에 만회하기 위한 전략적 선택의 측면이 있다. 물론 아무리 한국에 비해 열세로 평가된다 하더라도, 북한의 재래식 무기가 한국에 위협적이라는 사실에는 변함이 없다.

선군사상 또는 핵·경제 병진정책 아래 북한은 지속적으로 한국을 군사적으로 위협해 왔다. 널리 알려진 바와 같이, 북한은 대북 유화정책을 내세웠던 김대중 정부 시기인 1999년 6월 15일의 제1차 연평해전[4]과 2002년 6월 29일의 제2차 연평해전을, 대북 강경정책으로 회귀한 이명박 정부 시기인 2010년 3월 26일에 천안함 폭침, 같은 해 11월 23일의 연평도 포격 등을 일으켰다. 박근혜 정부 시기에도 2015년 8월 4일 비무장지대에서 목함 지뢰 폭발 사건을 야기했다. 이와 같은 일련의 사례들은 군사국가 북한의 실상을 여실히 입증하는 것이다.

그러나 북한의 핵과 미사일 개발 및 실험은 그와 병진해야 할 경제를 더욱 곤란하게 할 뿐이다. 김정은 체제의 핵·경제 병진정책은 핵과 경제를 동일한 우선순위에 두고 동시에 추구하고자 하는 정책이기보다는 핵을 주主로 하고 경제를 종從으로 하는 정책이기는 하다. 그럼에도 불구하고 비록 부차적 수준이라 할지라도 정책의 주요 목표로 '경제개발'을 내세웠다는 사실은 바로 그 경제의 실적이 김정은 체제 유지를 위한 불가피한 조건임을 스스로 인정한 것이라고도 볼 수 있다. 그러나 경제개발은 그것을 달성키 위한 전제조건의 완비와 적절한 수단의 선택 등을 동시에 만족시켰을 때 비로소 가능해질 수 있다. 그런 점에서 북한 김정은 체제의 경제개발 프로젝트는 많은 점에서 한계를 지닐 수밖에 없다. 실제로 북한 경제가 피폐해진 것은 자연재해의 영향도 적지 않지만, 궁극적으로는 폐쇄적인 사회주의 시스템에 기인하는 바가 크다는 점은 이미 다수의 연구에 의해 공인된 사실이다.

북한의 핵과 미사일 실험에 따른 국제사회의 대북 경제제재는 북한 경제를

4 1950년 한국전쟁 이후 발생한 최초의 남북한 사이의 정규군 충돌이었다. 이 충돌 이후 정확히 1년 후인 2000년 6월 15일에 최초의 남북정상회담이 개최되었다.

더욱더 악화시키는 요인으로 작용해 왔다. 더욱이 북한의 도전에 대한 국제사회의 제재는 핵이나 미사일 발사 실험이 거듭될 때마다 한층 더 강화되어 왔다. 북한이 경제를 병진시켜야 할 대상으로 삼는 한, 바로 그 경제와 병진의 쌍을 이루는 핵실험은 자제되어야만 한다. 이런 점에서 북한 김정은 정권에서의 핵·경제 병진정책은 어울릴 수 없는 조합일 수밖에 없다. 형용모순이기 때문이다. 즉 북한에게 핵과 경제는 동시에 성취할 수 없는, 그런 점에서 양자택일할 수밖에 없는 목표이다.

김정은 체제는 핵과 경제의 병진을 내세우고 있기는 하지만, 군사가 정치적·전략적 우선순위에 있는 한 경제를 위해 핵을 포기하는 선택을 하기는 어렵다. 결국 북한은 앞으로도 경제를 뒤로 미룬 채 핵 개발을 지속해 갈 것이고, 따라서 이는 환동해지역의 안보를 위협하는 상수로 작용할 것이다. 실제로 최근까지 북한의 핵과 미사일 발사 실험은 이미 수차례 이루어졌다. 북한은 2006년 10월 9일의 1차 실험을 비롯하여 2016년 1월 6일의 4차 실험에 이르기까지 지금까지 모두 4차례 핵실험을 실시했다. 북한의 미사일 발사 실험은 2003년 이래 지속적으로 진행되고 있다. 특히 제1차 핵실험을 한 2006년 이후 미사일 발사 실험이 집중되는 경향[5]이 엿보이는데, 초기의 단거리미사일 중심에서 최근에는 2016년 2월 7일의 미사일 발사 실험에서처럼 대륙 간 탄도미사일 개발이 시야에 들어선 것으로 관측되고 있다.

북한의 이와 같은 핵과 미사일 발사 실험에 직면한 환동해지역 관련 국가들은 이를 제어하여 환동해지역의 안전과 평화를 도모하기 위해 이른바 북핵 6자회담을 가동했다. 그러나 6자회담은 북한의 핵과 미사일 발사 실험을 실질적으로 제어할 수 있는 수단을 갖지 못했다. 북한의 핵과 미사일 발사 실

5 예컨대 2003년 4차례, 2005년 1차례, 2006년 2차례, 2007년에 4차례, 2008년에 3차례, 2009년 6차례의 미사일 발사 실험이 있었다.

험에 대한 제재는 주로 유엔에서 이루어졌다. 결국 6자회담은 당사자인 북한의 무시 앞에 북한의 핵과 미사일 발사 실험을 사전에 예방=저지하지도, 사후에 수습=제재하지도 못한 채 반복된 실험에 동일한 정치적 레토릭만이 반복되고 있는 형편이다. 6자회담이 교착 상태에 빠진 채 북한의 핵과 미사일 발사 실험은 계속되었고, 언제나처럼 유엔은 안보리 결의로 대북제재를 가해왔다. 그러나 유엔의 제재 결의는 그동안 실효적인 조치가 되지 못했다. 그와 같은 제재 결의에도 불구하고, 중국의 대북 지원이 일정한 수준에서 지속되어 왔기 때문이다.

2016년 1월과 2월의 북한의 핵 및 미사일 발사 실험은 북한이 기존에 해 왔던 발사 실험의 연장선상에서 이루어진 것이기는 하지만, 발사 실험의 파급력은 그 어느 때보다 큰 것으로 보인다. 유엔 안보리의 대북제재 결의는 이전과 달리 채택되기까지 상당한 시일이 필요했지만, 제재 내용은 과거보다 매우 강한 대북 압박으로 이루어졌다. 더욱이 한국과 일본은 유엔의 제재와 별도로 제재 조치를 취했다. 특히 한국은 한반도의 냉전구조를 해소하고 민족 공동번영을 모색하여 궁극적으로 통일의 마중물이 될 것으로 기대를 모았던 개성공단의 가동을 2016년 2월 10일부로 전면 중단했다. 개성공단은 2013년에도 약 5개월 정도 가동이 중단되었다가 재가동된 적이 있었으나, 2016년 2월의 가동 전면 중단으로 개설된 지 12년 만에 사실상 폐쇄로 귀결되었다.

(2) 영토(영해) 분쟁

역사적으로 국가 의지의 관철을 목표로 한 전쟁은 끊임없이 전개되어 왔다. 21세기에 들어 대규모의 전면적인 국가 간 전쟁이 줄어들기는 했지만 전쟁 자체가 없어진 것은 아니다. 전쟁에는 다양한 원인이 있기 마련이지만, 영토(영해)의 보위·유지·확장은 대표적인 전쟁의 원인이 되고 있다. 영토는 국가주권을 구성하는 주요 요인 가운데 하나이기 때문이다. 환동해지역에서는 양국

표 3 도전국가로서 중국의 영토 분쟁

상대국가	시작 시기	종결 시기	빈도	협상	군사
아프가니스탄	1919/1	1963/3	45	3	-
부탄	1979/1	1995/8	20	9	-
영국	1919/1	1930/2	12	5	-
영국	1919/1	1984/1	65	6	-
영국/인도	1919/1	1962/4	48	5	7
영국/미얀마	1919/5	1960/1	44	15	5
프랑스	1919/1	1945/3	28	2	-
프랑스/월남/월맹	1932/6	1995/12	70	10	10
일본	1919/1	1945/11	31	2	6
일본	1951/1	1995/7	46	4	-
네팔	1949/1	1960/12	13	3	1
카자흐스탄	1993/4	1994/2	2	2	-
키르기스스탄	1993/4	1995/12	4	3	-
몽골	1946/1	1962/11	18	1	2
파키스탄	1947/1	1962/2	16	1	-
포르투갈	1919/1	1975/6	57	3	1
소비에트(러시아)	1919/7	1995/12	81	31	4
소비에트	1948/3	1955/10	10	3	-
타지키스탄	1993/4	1995/12	4	2	1

* Paul K. Huth and Todd L. Allee(2003, 27)

표 4 중국이 상대국가가 된 영토 분쟁

상대국가	시작 시기	종결 시기	빈도	협상	군사
프랑스/월남/월맹	1932/6	1995/5	62	13	1
인도	1963/4	1995/9	40	15	-
일본	1932/10	1937/7	9	2	7
말레이시아	1979/1	1995/11	19	5	-
네팔	1949/1	1960/12	13	3	-
필리핀	1971/1	1995/12	27	5	-

* Paul K. Huth and Todd L. Allee(2003, 411~420)

네팔과의 국경 분쟁은 이미 해결되었으나, 나머지 분쟁은 현재까지도 지속되고 있다. 난사군도, 시사군도 등의 분쟁이 바로 이것이다.

흥미로운 사실은 중국이 도전국가였을 때의 분쟁에서는 군사적 충돌에 이르는 경우가 적지 않았으나, 중국을 상대국가로 분쟁을 제기한 국가들은 그다지 무력에 호소하지 않았음이 현저하다는 점이다. 이는 중국이 환동해지역의 패권을 다투는 강대국이라는 점에서 중국을 상대국가로 한 도전국가들의 도전이 군사적 행동을 동반하기에는 처음부터 무리가 따르기 때문이다.

같은 이유로 중국이 도전국가였을 때 군사적 행동을 빈번하게 활용한 전례는 장차 센카쿠(댜오위다오)에서 무력행사의 가능성을 암시한다. 실제로 중국은 일본이 센카쿠 국유화를 선포한 2012년 9월 11일 해양감시선의 센카쿠 부근 영해 진입을 시도한 것을 비롯하여 2013년 9월 8일과 9일에는 각각 폭격기와 무인기를 동원하여 센카쿠 주변을 비행케 함으로써 중·일 간의 군사적 긴장을 고조시킨 적이 있다. 다만 일본이 미국과의 사이에 안보 동맹관계

표 5 도전국가로서 일본의 영토 분쟁

상대국가	시작 시기	종결 시기	빈도	협상	군사
한국	1951/1	1995/6	47	2	3
중국	1932/10	1937/7	9	2	7
프랑스	1938/10	1938/10	1	-	1
프랑스	1941/6	1941/6	1	-	1
몽골	1935/6	1940/1	5	1	2
소비에트	1935/6	1944/10	11	3	-
소비에트(러시아)	1951/1	1995/10	50	29	-

* Paul K. Huth and Todd L. Allee(2003, 415~417)

를 맺고 있고 다수의 미군이 일본에 주둔하고 있다는 점, 항행航行의 자유 확보를 위해 중국의 난사군도 등에서의 실효 지배 강화에 대해 미국이 강하게 견제하고 있다는 점 등을 고려할 때, 센카쿠에서 중국의 군사적 행동은 매우 제한적일 것이다.

일본의 경우, 스스로가 도전국가가 되어 영토 분쟁을 일으킨 것이 7건이다. 그 대부분은 일본의 군국주의가 패전한 1945년 이전에 식민지 확장을 위한 침략 과정에서 일어난 경우로, 샌프란시스코강화조약 이후의 국제질서 속에서 발생한 분쟁은 각각 한국과 러시아를 상대국가로 영토 분쟁에 도전한 독도와 쿠릴열도 분쟁의 두 경우이다. 분쟁의 해결수단으로 군사력에 의존하는 것이 현저했는데, 그 대부분이 군국주의 시기와 관련되어 있다. 그러나 그렇다 하더라도 현재까지 계속되는 두 분쟁에 대한 대처의 차이가 특히 눈에 띄는 것을 알 수 있다. 즉 러시아를 상대국가로 한 분쟁에서는 군사적 대치에는 이르지 않고 전적으로 협상에 의거하고 있으나, 이와 대조적으로 한국을 상대국가로 한 분쟁에서는 협상보다 군사력에 의존하고 있다. 러시아는 군사적 강대국이기 때문에 러시아와의 분쟁에서는 처음부터 군사적 대치가 상정밖이었다고 볼 수 있을 것이다. 즉 상대국가의 국력에 따라 상이한 정책으로 대처하고 있는 것으로 보인다.

일본이 분쟁의 상대국가가 된 경우도 4건이다. 이 가운데 프랑스 및 미국과의 분쟁은 제2차 세계대전 이전에 이미 종결되었다. 현재 일본을 상대국가로 하여 분쟁에 도전하고 있는 것은 센카쿠(댜오위다오)를 둘러싼 중국(타이완 포함)뿐이다. 그러나 이 분쟁에서는 후스와 앨리가 조사한 1995년까지 군사적 대치가 한 번도 일어나지 않았고, 전적으로 협상만이 벌어졌다. 그러나 2010년 9월 7일 발생한 중국 어선과 일본 해상보안청 순시선의 충돌 사건으로 일본이 다음 날 중국 어선의 선장을 구속한 데 대해 중국은 가스전에 대한 중일교섭 중지, 각료급 교류 중지, 군사관리지역 침입 혐의로 일본인 구속, 희토류rare earth의 대일수출 금지 등으로 대응한 전례가 있다.[7] 이는 센카쿠 주변에서의 중·일 충돌이 앞으로는 더 이상 협상에 의한 해결에만 의지하지 않을 것이라는 전망을 가능케 한다. 더욱이 앞에서도 언급한 것처럼 2012년 이후 일본은 군사적 행동도 불사하겠다는 중국의 도전을 받고 있다.[8]

마지막으로 한국의 경우를 보자. 후스와 앨리는 저서에서 독도를 둘러싼 분쟁에 대해 한국이 일본을 상대국가로 해서 도전하고 있는 경우라고 설명하고 있으나, 현실에서는 한국이 독도를 실효 지배하고 있기 때문에 한국과 일

7 이 사건의 시말始末에 대해서는 孫崎享, 『일본의 영토 분쟁 : 독도·센카쿠·북방영토』, 양기호 역, 메디치, 2012, pp. 68~71 참조.

8 중국과 일본 사이의 영토 분쟁 일지에 대해서는 한국국방연구원, 「세계분쟁 데이터베이스 : 센카쿠 열도/댜오위다오 분쟁」, http://www.kida.re.kr/woww/dispute_detail.asp?idx=28(2016년 3월 13일 검색) 참조.

표 6 일본이 상대국가가 된 영토 분쟁

상대국가	시작 시기	종결 시기	빈도	협상	군사
중국	1919/1	1945/11	31	6	2
중국	1951/1	1995/7	46	4	-
프랑스	1939/1	1940/1	2	-	1
미국	1919/5	1920/11	3	2	-

* Paul K. Huth and Todd L. Allee(2003, 406~423)

본의 입장은 반대라고 할 수 있다. 따라서 후스와 앨리의 연구에서는 한국이 상대국가에게 영토(영해)에 대한 현상 변경을 요구하는 도전국가가 된 경우가 전혀 없다. 다만 한국을 상대국가로 해서 영토 분쟁에 도전하고 있는 것은 북한과 일본의 두 사례가 존재한다. 그리고 이들 두 사례는 현재도 계속되고 있다. 일본이 한국을 상대로 일으킨 군사적 행동은 1953년 6월, 1954년 6월, 1978년 5월 등의 3회이다.[9]

(3) 지역 패권경쟁

1989년은 환동해지역에서뿐만 아니라 글로벌 사회에서 역사적 의미를 갖는 전환의 해였다. 1월 7일 일본 국왕 쇼와昭和가 사망했고, 6월 4일에는 중국에서 천안문사태가 발생했다. 12월 2일에는 미국의 조지 H. W. 부시 대통령과 소련(당시)의 미하일 고르바초프 대통령이 몰타에서 정상회담Malta Summit을 갖고 냉전의 종식을 선언했다. 하나같이 한 시대의 종언을 알리는 것이었다.

9 이성우, 「동아시아 영유권 분쟁의 과학적 이해 : 세계적 차원의 영유권 분쟁에서 중·일·러·한의 행태 분석」, 『JPI정책포럼』 (2014~15), 2014, p. 17.

표 7 한국이 상대국가가 된 영토 분쟁

상대국가	시작 시기	종결 시기	빈도	협상	군사
북한	1948/1	1995/4	53	20	7
일본	1951/1	1995/6	47	2	3

* Paul K. Huth and Todd L. Allee(2003, 418~422)

그것이 전환기적 의미를 갖는 만큼 새로운 시대는 새로운 논리에 의해 규정되어야 할 터였다. 그러나 주지하는 바와 같이, 1989년 이후의 환동해지역과 세계의 질서는 새로운 규범을 만들지 못한 채 현재에 이르고 있다. 쇼와 국왕 사망 후의 일본, 천안문사태 이후의 중국은 자국의 범주를 넘어 1989년 이후의 환동해지역을 규정할 수도 있었지만, 그야말로 "결정적 계기"로는 기능하지 못했다.

그런 점에서 냉전의 종식은 전환기적 계기로 작용했다고 볼 수 있다. 소비에트연방이 붕괴되고, 이어 동유럽 사회주의 정권이 잇달아 붕괴했기 때문이다. 1990년 10월 3일 독일의 재통일은 냉전 종식의 화룡점정이었다.[10] 냉전

10 이와 같은 일련의 변화는 당시의 키워드였던 후쿠야마의 "역사의 종언"이라는 언설에 타당성을 부여하는 원천으로 여겨졌다. 냉전 종식 이후의 시대는 "탈냉전"으로 호명되어 왔다. 그러나 냉전이 종식된 지 이미 30여 년 가까운 오늘날까지 냉전 이후의 시대를 일컫는 호칭은 모호한 상태로 남아 있다. "탈냉전"이라는 용어가 도처에서 사용되고는 있지만, 이 용어가 냉전과 다른 '그 무엇'을 담고 있지 못한 것은 자명하다. 냉전에 대해 어느 정도의 지견知見을 갖춰, 1989년 이후의 세상이 냉전시대와는 '다르다'는 것을 피부로는 알지만, 그것을 특정하여 호명呼名하지 못하고 있는 것이다. 냉전시대를 경험하지 못한 사람들이 점차 증가하고 있음에도 불구하고, 냉전시대와 다르다는 의미에서 탈냉전이라는 무미건조한 용어가 여전히 사용되는 것은 불합리한 일이다. 물론 새로운 시대에 대한 호명 시도가 전무했던 것은 아니다. 예컨대 다나카 아키히코田中明彦는 냉전 종식 이후의 21세기 세계 시스템을 "새로운 중세"(田中明彦, 『新しい「中世」: 21世紀の世界システム』, 日本経済新聞社, 1996)라고 호명했다. 호명으로서는 "새로운 중세"가 "탈냉전" 보다는 낫다

본 외교의 기축을 근본적으로 변화시키려 했다. 그러나 대미 자주 외교의 핵심이었던 오키나와 미군기지 이전 문제에서 정권의 구심력을 상실한 바 있다. 이와 같은 민주당 정권의 연이은 리더십 위기는 국민의 강력한 리더십 요구로 귀결되었다.

아베 정권의 탄생은 바로 이러한 환경에서 탄생했다. 미국은 이러한 상황을 적절히 활용했다. 미국은 일본이 환동해지역에서 부상하는 중국을 견제하는 상당한 역할을 떠맡기를 원했고, 일본은 이러한 미국의 희망을 기꺼이 수용했다. 실제로 아베는 집권 이후 집단적 자위권 행사에 대한 헌법해석 개헌을 실행했고, 안보법제를 통과시켰다. 이로써 요시다 시게루吉田茂가 설계한 1945년 이래 일본의 국가전략은 '부국약병富國弱兵'에서 '부국강병富國强兵'으로 대전환하게 되었다.[12] 일본 아베 정권의 적극적인 부국강병 정책은 중국 시진핑 정권의 분발유위와 충돌하면서 환동해지역의 패권경쟁이 격화되고 있다. 시진핑의 "신형 대국관계New Type of Great Power Relations"는 미중관계를 축으로 한 중국의 세계전략이라 할 수 있는데, 환동해지역은 미·중 간 세계 패권경쟁의 최전선인 동시에 중·일 간의 지역 패권경쟁이 이루어지는 곳이다.

향후에도 환동해지역 국제관계는 미중관계의 향방에 크게 좌우될 것이다. 이미 중국을 제1교역국으로 하고 있을 뿐만 아니라 동시에 미국과의 동맹관계를 계속해서 지속해 갈 것을 희망하는 한국의 관점에서도 가까운 장래의 미중관계의 전개 양태는 두 당사국에 뒤떨어지지 않는 핵심적인 관심사라고 할 수 있다. 이와 관련하여 차두현은 안보·전략적 관계구도(갈등 혹은 협력)와 경제적 상호 의존(높음 혹은 낮음)에 따라 가까운 장래의 동북아시아에

---

12 白鳥令, 「第二次大戦後日本における国家形成モデルの変遷と台湾の安全保障政策」, 中華民国国際関係学会·国立政治大学東亜研究所, 『日本新防衛政策与東亜情勢国際研討会論文集』, 2015 참조.

	안보·전략적 관계구도 갈등 ←	협력 →
경제적 상호 의존 높음 ↑	C 21세기형 약육강식	B 동아시아 평화시대(PAX NEA)
경제적 상호 의존 낮음 ↓	D 불안정하고 위험한 동아시아	A 변환의 지속

* 차두현(2012, 17)

그림 1 예측 가능한 가까운 장래 동북아시아에서의 역학구도

서 있을 법한 네 가지의 미중관계 시나리오를 제시한 바 있다.

시나리오 B가 가장 이상적인 구도라는 점은 재론의 여지가 없다. 미중관계가 협력적인 안보·전략적 관계와 높은 레벨의 경제적 상호 의존관계에 놓이게 되면 환동해지역은 그야말로 평화시대가 열릴 것이기 때문이다. 그러나 시나리오 B가 현실이 되기 위해서는 경제적 상호 의존관계가 점점 깊어져야 할 뿐만 아니라 안보·전략적 관계도 또한 협력적으로 되지 않으면 안 된다. 아시아에의 관여 정책을 내세우고 있는 미국과 신형 대국관계를 강조하는 중국이 안보·전략적 문제에서도 그렇게 간단히 협력적 관계가 될 것이라고는 생각되지 않는다.

2016년 현재 환동해지역의 국제관계는 시나리오 C의 양상을 보이고 있다고 생각할 수 있다. 경제적 상호 의존관계가 점차 높아지는 가운데 안보·전략적 관계는 갈등의 국면을 보이고 있기 때문이다. 즉 동북아시아의 패러독스 상황이다. 따라서 여전히 시나리오 C가 가장 가능성이 높은 시나리오라고 할 수 있다. 시나리오 C가 언젠가 시나리오 B가 되는 일도 있을 수 있겠지만, 그렇게 되기 위해서는 안보·전략적 관계에서 높은 레벨의 협력協力성을 확

보하지 않으면 안 된다. 미국과 중국 사이의 패권경쟁이 지속되는 한 동북아시아의 패러독스 상황 역시 변하지 않을 것이다.

3. 환동해 안보 협력체제 구축 가능성과 전제조건

차두현이 말하는 예측 가능한 가까운 장래 환동해지역에서의 역학구도는 기본적으로 동북아시아 패러독스 상황을 입증하는 것이다. 이러한 점을 고려하면서, 그럼에도 불구하고 이 지역에서의 안보 협력 구축 방안 혹은 그 가능성을 모색하는 일은 결코 쉬운 작업은 아니겠지만 매우 의미 있는 일일 것이다. 차두현과 같은 미중관계 예측은 환동해지역 국가들에게 어려운 선택을 강요하는 일이 될 것이다.

중국이 부상하기 전, 환동해지역 주요 국가들은 중국으로부터 안전을 확보하기 위해 미국과의 관계를 무엇보다 중시했다. 제2차 세계대전 이후 미국은 환동해지역에서 안전을 위한 세력균형자power balancer로 역할을 해 왔기 때문이다. 한국과 일본은 미국과의 사이에 안보조약을 맺고 있고, 기지도 제공하고 있다. 필리핀은 미국에 기지를 제공함으로써 안전을 확보할 수 있었다. 타이완은 미국의 성명이나 때때로의 행동에 의해 몇 차례 위기에 대처할 수 있었다. 따라서 환동해지역 국가들의 외교는 실질적 의미에서는 대미외교 그 자체였다. 냉전시대에는 이러한 대미 일변도 외교전략이 정당화되었다. 그러나 냉전의 종식은 환동해지역 일부 국가들의 대미 일변도 외교전략의 수정을 불가피하게 했다. 중국의 부상은 '세계의 공장'으로서뿐만 아니라 '세계의 시장'으로서도 괄목할 만하다. 더욱이 중국은 '경제'의 영역에 머물지 않고 지역의 안전을 둘러싸고 '정치'의 영역에서도 분발유위의 의지를 명확히 하고 있다.

환동해지역 국가들은 경제적 측면에서 시장으로서 중국과의 연계가 심화된 상황이다. 그러나 중국은 과거 미국의 일방주의와 유사한 중국판 일방주의를 종종 구사하고 있는 듯이 보인다. 남중국해 해역에 대한 영유권을 주장하기 위해 '공해公海 자유의 원칙'을 무시하고 국제적 관행에 합치하지 않는 "역사적 수역Historic Water"[13]의 개념을 끄집어내는 것 등은 그 전형적인 사례라고 할 수 있다. 중국과의 깊은 경제적 연계와 미국에 대한 안보 의존은 환동해지역 국가들로 하여금 점차 외교안보정책으로 정경분리를 내세우기 어려운 딜레마를 안겨 주고 있다. 사실 "미·중 양국과 양호한 관계를 유지하는 것은 대단히 중요한 일이기는 하지만 중국이 미국을 대신할 수 없다는 점에서 미일동맹이 가장 중요하다. (대중외교에서도) 상호 경제적 이익을 추구해야 하며…… (결국은) '미일동맹+중일협상'을 취해야 한다"는 이오키베 마코토五百旗頭真의 주장[14]처럼, 수년 전까지만 하더라도 정경분리는 환동해지역 국가들이 취할 수 있는 유력한 외교전략이었다. 그러나 그것은 중국이 도광양회를 외교전략으로 채택했던 시기에나 가능한 일이었다. 중국이 분발하여 유위有爲하겠다는 것으로 외교전략을 전환함에 따라 환동해지역의 안보 패러독스는 관련 국가들의 외교 역량의 시험대가 되고 있다.

이와 같이 경쟁적 대립관계를 특징으로 하는 미중관계를 목도하면서, 한국이 취할 수 있는 외교적 선택지는 무엇인가. 단순히 미·중 양국만을 놓고 볼 때는 이른바 동맹론과 균형론이 대립하는 듯이 보인다.[15] 그러나 이들 논의 역시 경제와 군사 안보를 중심으로 전개되고 있다는 점에서, 단순한 양자택일보다는 동맹과 균형, 경제와 군사 등에 따른 네 가지 유형으로 분류하는 것

---

13 역사적 수역에 대해서는 湯山智之, 「歴史的水域に関する米国連邦最高裁判所の判例」, 『立命館法学』 5·6號, 2010, pp. 1680-1690, 1714~1728 참조.

14 「『二つの中国』のはざまで」, 『毎日新聞』, 2010년 10월 24일.

15 「미·중 사이 동맹 vs 균형 논란」, 『동아일보』, 2015년 8월 1~2일.

표 8 우리나라 외교·안전보장정책론의 4유형

	경제	군사
한미동맹	정치적 리얼리스트	군사적 리얼리스트
자립	평화주의	한국형 드골주의자

* 永井陽之助(1985, 18/일본을 한국으로 변경하여 수정)

이 보다 타당하다고 하겠다.

이 문제를 생각하는 데 있어 1985년에 나가이 요노스케永井陽之助가 제시한 일본 외교론의 네 가지 유형 분류가 유용할 것이다. 나가이의 이 유형론은 이미 30여 년 전에 제시된 것이고, 더욱이 일본 외교에 대해 언급하고 있는 것이기는 하지만, 일본을 한국으로 변경하기만 하면 여전히 오늘날의 한국에도 유효한 유형이라고 생각된다. 『동아일보』의 2015년 8월 기사가 미국과 중국 사이에서 한국이 취해야 할 외교전략의 축을 동맹과 균형으로 분류하고 있는 것은 정치적 리얼리스트(동맹)와 평화주의(균형)의 입장을 각각 대표할 뿐, 군사적 리얼리스트와 한국형 드골주의자의 입장은 고려되지 않고 있다고 할 수 있다. 다시 말해서, 우리나라 외교의 지향점을 동맹과 균형만으로 바라보는 것은 현실을 너무 단순화시킴으로써 궁극적으로는 우리의 선택지를 축소시키는 결과를 초래할 것이다.

정치적 리얼리스트의 입장에서는 한미동맹을 중요시한다. 동시에 군사보다는 경제를 우선시하기 때문에 중국과의 관계도 염두에 두면서 환동해지역에서의 경제공동체 구축을 적극적으로 개진한다. 군사적 리얼리스트의 입장에서는 한미동맹을 중시하고 미국에 대한 군사적 협력에 적극적이다. 경제보다는 군사에 역점을 두기 때문에 공동체 구상에는 다소 소극적일 수밖에 없다.[16] 한편 평화주의자와 한국형 드골주의자는 한미동맹보다 자립을 더욱더 중요시한다는 점에서는 일치한다. 평화주의자는 특히 대북관계에서도 지원에 방점을 두고 있고, 경제를 중시하는 입장에서 동아시아공동체 형성에 적극적이다. 다만 한미동맹에서 자립한 이후의 한국 안보에 대한 전체상에 대해서는 다소 이상주의적인 측면이 있다고 하겠다. 한국형 드골주의자는 말 그대로 한국의 '우익'을 대표한다. 그러나 우리나라에서 우파가 대체로 한미동맹을 중요시하고 있다는 점에서 한국형 드골주의자는 상대적으로 소수라고 보는 것이 타당할 것 같다.

결국 한국이 취할 외교안보정책의 방향은 어느 특정한 입장만을 변함없이 견지하는 것이 아니라 두 가지(혹은 그 이상?) 입장을 조합한 어느 지점이 될 것이다. 앞에서 살펴본 것처럼 비록 군사적 리얼리스트의 입장에서는 공동체 구상에 대해 회의적일 수도 있지만, 북핵·미사일 문제까지 안고 있는 우리나라의 입장에서는 적어도 공동체 구상을 통해 환동해지역의 안보 현안을 관리하는 것이 유력한 선택지일 수 있다. 공동체 구상은 동맹과 균형 사이에서의 양자택일이 아닌, 표 8에 제시된 네 가지 유형을 토대로 조합을 산출하는 데 있어 접합점이 될 것이기 때문이다. 다만 이러한 선택에는 몇 가지 전제가 필요하다고 본다. 그것은 환동해지역에 다국 간 안보협력기구가 부재한 이유와도 연동되는 문제이다.

---

16 군사적 리얼리스트의 입장에서는 유엔 안보리가 안전보장에 제 역할을 못하고 있는 것으로 보이며, 마찬가지 논리로 동아시아공동체에도 그다지 큰 의미를 부여하지 않는다. 이러한 입장을 대변하는 것으로 "나는 원래 공동체라는 것을 별로 중시하지 않는다. 더욱이 동아시아공동체 등은 찬성, 반대를 말할 정도의 것도 못 된다. 동아시아공동체는 일본의 안전보장에 유엔 안보리가 거의 도움이 되지 않는 이상으로 의미가 없다"는 오카자키 히사히코岡崎久彦의 2005년 일본기자클럽에서의 회견 내용을 들 수 있다. 여기에 대한 더 상세한 내용은 矢島誠司, 「共同体構想に疑問を呈する」, http://www.jnpc.or.jp/activities/news/report/2005/07/r00014251/(2016년 3월 13일 검색) 참조.

환동해지역에서의 공동체 구상은 다양한 지역협력기구로 구체화되기는 했으나, 이들 협력기구를 일원화하는 것은 여전히 요원한 과제이다. 그러나 곧바로 다자간 안보협력기구를 창설하는 것이 여의치 않은 현실에서 환동해지역 국가들이 취할 수 있는 길은 다양한 형태의 지역협력기구를 통해 역내 국가들 간의 상호 이해와 신뢰를 축적해 나가는 일일 것이다. 사실 유럽과 달리 환동해지역에서 다자간 안보협력기구를 지금 당장 실현하기 어려운 가장 큰 이유는 유럽의 국제세계와 달리 환동해지역의 국가 간 신뢰관계가 역사적으로 낮기 때문이다. 즉 유럽에서는 웨스트팔리아체제 확립 이후 구축된 것이 적어도 이론적으로는 주권국가가 서로 대등하게 대치하는 국제시스템이었던 데 반해, 환동해지역에서는 19세기에 이르기까지 중국을 맹주로 하는 조공책봉체제가 이 지역을 규율해 왔으며, 더욱이 이러한 역사적 배경이 오늘날의 정세에도 미묘한 영향을 미치고 있기 때문이다.[17]

유럽이 일찍이 개인 인권 레벨에서 제시한 "만인은 법 앞에 평등하다"는 원칙과 마찬가지로, 국가 주권 레벨에서는 "만국은 국제법 앞에 평등하다"는 원칙을 적어도 이론상으로 내세우고 있었던 데 반해, 환동해지역에서는 압도적인 중국을 정점으로 하는 위계적 국제시스템이 펼쳐져 왔다. 데이비드 강은 오늘날 환동해지역에서 힘의 균형에 변화가 일어났을 때에도 이 지역 일반에서 위화감이 희박했던 것은 바로 이러한 위계적 국제시스템이 있었기 때문이라고 지적[18]하고 있으나, 비록 이론상으로나마 국가 간의 평등을 공인한 유럽과 달리 위계적 질서를 특징으로 하는 환동해지역 국제시스템에서는 국가 간의 신뢰관계 형성이 이루어지기 어렵다. 환동해지역이 나름대로 안정을 유지

---

17 木村雅昭, 「EUと東アジア共同体」, 徐興慶·陳永峰編, 『転換中のEUと「東アジア共同体」: 台湾から世界を考える』, 台湾大学出版中心, 2012, p. 17.

18 David C. Kang, "Getting Asia Wrong : The Need for New Analytical Frameworks," *International Security*, Vol. 27, No. 4, Spring, 2003, pp. 57~85.

하고 있다면, 그것은 미국의 존재 때문일 것이다. 이와 같이 낮은 국가 간 신뢰관계를 특징으로 하는 환동해지역의 안전은 다른 무엇보다도 협력의 축적을 통한 상호 이해의 심화를 통해 확보할 수 있다. 그런 점에서 다양한 형태의 지역협의체는 신뢰를 양성하는 출발점이 될 수 있을 것이다.

지역협의체에 관한 구상은 이미 1980년대 중·후반부터 있었지만, 실체로서 지역협의체가 구성된 것은 "태평양 국가라는 공통점을 바탕으로 한 동 지역의 경제협력과 무역자유화 촉진"을 목표로 1989년에 설립된 APEC(Asia-Pacific Economic Cooperation)이었다. 이어 1994년에 "아시아·태평양 지역 국가들이 건설적인 대화와 상호 신뢰 증진을 통해 역내의 평화와 안정을 추구하기 위한 정부 간 다자 정치·안보협의체"로 설립된 ARF(ASEAN Regional Forum), "국제정치질서가 미국과 소련의 양극, 냉전체제에서 다극화된 체제로 변화함에 따른 아시아와 유럽 간의 관계 개선의 필요성"에 따라 1996년에 설립된 ASEM(Asia-Europe Meeting), 1997년 12월에 ASEAN이 창설 30주년 기념 정상회의에 한국, 중국, 일본 등 3개국 정상을 초청한 것이 계기가 되어 이후 정례화된 것으로 "동아시아 국가 간의 교역과 투자 확대 등 상호 의존이 심화됨에 따라 미국의 아시아·태평양 경제질서 주도 등에 대응한 동아시아 경제권의 독자적 목소리 제기"를 목표로 한 ASEAN+3(ASEAN plus Three, APT), 2005년에 설립된 EAS(East Asia Summit) 등이 있다.

흥미로운 사실은 이와 같은 다양한 아시아지역 협의체의 가맹국가 멤버십 문제를 둘러싼 주요 국가들, 특히 중국과 일본의 상호 견제 양상이다. 중국은 특별한 경우가 아니라면 대체로 아시아지역협의체의 멤버십은 지리적으로 아시아에 속한 국가들에 한정시켜야 한다는 입장이다. 이에 반해, 일본은 아시아지역협의체의 멤버십은 단순히 지리적으로 규정된 아시아만을 대상으로 하는 것이 아니라 아시아지역의 발전과 상호 협력을 극대화하기 위한 실질적인 측면을 고려하여 공간적·지리적 횡단을 주저해서는 안 된다는 입장이다.

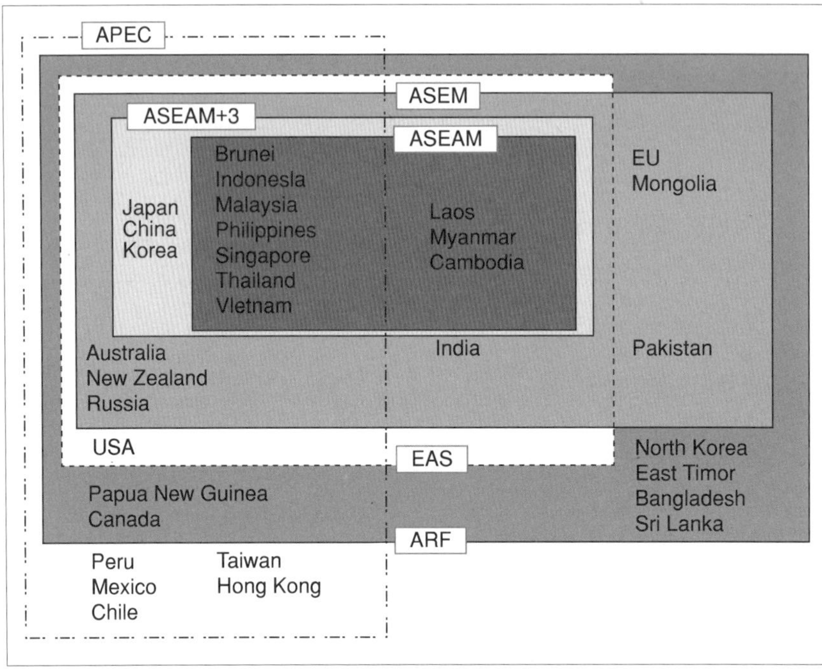

* 佐藤洋治·鄭俊坤(2011, 19)

그림 3 환동해지역의 다양한 지역협의체 구성 국가 내역

이러한 지역협의체 멤버십을 둘러싼 중국과 일본의 입장 차이를 보여 준 대표적인 사례 가운데 하나가 EAS이다.

여기서 EAS의 설립 경위를 간단히 되돌아볼 필요가 있다. 1998년 12월 하노이에서 열린 제2회 APT에서 한국의 김대중 대통령은 동아시아에서의 협력 강화를 논의하기 위한 현인賢人회의의 설치를 정식으로 제안했다. 이 제안을 계기로 APT 가맹국의 민간인 전문가로 구성된 '동아시아 비전 그룹'이 형성되어 활동하게 되었다. 동아시아 비전 그룹은 2001년 제5회 APT에 그동안의 연구 성과를 『동아시아공동체 설립을 향하여 : 평화, 번영, 진보의 동아시아TOWARDS AN EAST ASIAN COMMUNITY : Region of Peace, Prosperity and

Progress』라는 제목으로 정리하여 보고서를 제출했다. 이 보고서에서는 궁극적으로 동아시아공동체의 창설을 제기하고 있는데, 그러기 위해서는 현재의 APT를 장래 EAS로 발전시켜 가야 한다는 점을 제언하고 있다. 그런데 이 과정에서 당초 중국은 APT 가맹 13개국만으로 구성하는 동아시아공동체 창설을 주장한 데 반해, 일본은 APT 13개국 이외에 인도, 오스트레일리아, 뉴질랜드 등을 포함한 16개국을 구성원으로 하는 동아시아공동체를 구상했다.

멤버십 설정을 둘러싼 중국과 일본의 갈등은 아시아지역에서의 외교적 주도권 경쟁에서 비롯된 측면이 크다. 상대적으로 아시아만의 아시아에 역점을 두는 중국이 아시아에서 미국 등 서구 세력을 배제하는 것은, 그렇게 함으로써 아시아지역에서 중국을 제외한 유일한 강국으로 인식되는 일본의 배후를 차단하는 의미가 있고, 결과적으로 일본의 영향력을 크게 제한시킬 수 있다고 생각하기 때문이다. 이와 대조적으로 일본은 아시아지역에서 중국의 과도한 영향력을 배제하기 위해서라도 이 지역에서의 다양한 레벨의 지역협의체에 미국 등을 끌어들여야 하고, 그렇게 함으로써 비로소 일본도 중국과 대등하게 이 지역에서의 주도권 경쟁에 나설 수 있다고 인식하기 때문이다. 최종적으로는 일본의 주장이 용인되어 16개국 체제로 출발한 EAS는 2011년 제6회 회의부터 미국과 러시아를 신규 가맹시킴으로써 18개국 체제가 되었다.

EAS 설립의 의의는 무엇보다도 동아시아 범위의 설정이 협의의 동아시아 APT에서 인도, 오스트레일리아, 뉴질랜드 등을 포함하는 광의의 동아시아 EAS로 확대되었고, 이로써 '열린 지역주의'를 명확히 제시했다는 점에 있다고 할 수 있다.[19] 그리고 이러한 점은 바로 일본이 동아시아공동체 구축과 관련해 취하고 있는 기본 입장이기도 하다. 실제로 일본 외무성이 발표한 문건에

19 실제로 그림 3에서 보는 것처럼, 다양한 레벨의 아시아지역협의체에 대한 멤버십은 ASEAN을 중심으로 다른 국가와 지역으로까지 확대되고 있음을 알 수 있다.

서는 동아시아공동체 구축에 관한 일본 정부의 기본 입장으로 열린 지역주의 원칙의 추구, 기능적 어프로치, 보편적 가치의 존중과 글로벌 룰의 준수 등이 지적되고 있다.[20] 일본은 동아시아공동체가 ASEAN+3뿐만 아니라 인도, 오스트레일리아, 뉴질랜드를 포함하는 대大영역이 되어야 하며 궁극적으로는 미국 등도 포함되어야 한다는 입장을 견지해 왔다. 그것은 동아시아공동체가 개방성, 투명성, 포괄성의 원칙하에 폭넓은 파트너의 참여와 그들 상호 간의 긴밀한 협력을 바탕으로 하는 것이어야 함을 의미한다. 그런 점에서 EAS는 일본의 주장이 상당히 많은 부분 반영된 결과가 되었고, 그런 점에서 일본 외교의 동아시아에서의 일정한 성과라고 할 수도 있다.

문제는 일본이 주장하는 보편적 가치의 존중과 글로벌 룰의 준수가 중국에 대한 견제 전략의 일환이기도 하다는 점이다.[21] 미국은 자국의 경제 사정 악화로 세계적인 군사 전략에서의 변화가 불가피하게 되었는데, 일본은 이와 같은 아시아지역에서의 미국의 부담을 메우는 형태로 동 지역에서의 정치, 안보상의 영향력 확대를 추진해 왔다. 이러한 움직임은 특히 아베 정부에서 더욱 두드러지게 나타나고 있다. 여기서 무엇보다 중요한 사실은 이러한 일본의 움직임이 아시아지역에서 중국과의 파워 경쟁을 불가피하게 한다는 점이다. 일본의 외교 당국자들이 자주 사용하는 '가치외교', '민주동맹', '자유와 번영의 호弧' 등의 수사修辭는 중국을 그 외연外延에 위치시킴으로써 실질적으로 중국을 견제하기 위한 용어라고 할 수 있다.

---

20 日本外務省, 『東アジア共同体構築に係るわが国の考え方』, 2006, http://www.mofa.go.jp/mofaj/area/eas/pdfs/(2016년 3월 13일 검색) 참조.

21 이원덕, 「일본의 동아시아지역 형성정책의 전개와 특징」, 『일본연구논총』 22, 2005 ; 김기석, 「동아시아 지역주의와 일본 대외정책의 딜레마」, 『국가전략』 11(4), 2005 ; 小原雅博, 『東アジア共同体』, 日本経済新聞社, 2005 ; Kenneth Pyle, *Japan Rising : The Emergence of Japanese Power*, NY Public Affairs, 2007 등 참조.

4. 맺음말

앞에서 살펴본 것처럼, 그랜드 레벨에서는 중국과 미국의 세계전략, 미들 레벨에서는 중국과 일본의 환동해 주도권 전략, 스몰 레벨에서는 한국과 북한의 한반도 평화와 통일 전략이 교차하는 것이 오늘날의 환동해지역 국제정세의 양상임은 부인하기 어렵다. 스몰 레벨을 미들 레벨이, 미들 레벨을 그랜드 레벨이 각각 감싸는 중층重層적 구조이다. 따라서 환동해지역의 안보 문제는 미국을 대신한 일본과 중국 사이의 환동해 주도권을 둘러싼 지역 패권경쟁에 의해 좌우될 것이다.

중국은 개혁개방정책 추진 이후 줄곧 고속성장을 거듭해 왔다. 그 결과 경제 규모상으로는 세계 제2위의 경제력을 갖추기에 이르렀으나, 중국 경제는 빈부 격차, 도시와 농촌의 격차, 연안과 내륙의 격차 등의 문제를 안고 있다. 실제로 경제 규모면에서는 세계적 수준이지만, 1인당 국민소득으로 보면 아직 개발도상국의 범주에 머물러 있다. 더욱이 중국은 그동안 중국 경제를 견인해 왔던 고속성장의 시대가 막을 내리고, 중고中高속 성장이 보편적인 신창타이新常態, new normal 시대에 진입했다. 신창타이 상황은 중국뿐만 아니라 주변국, 나아가 세계 경제 전반에 어두운 그림자를 드리우고 있다. 따라서 그동안 경이로운 성장을 달성해 온 중국 경제의 실질적인 실력은 바로 이 신창타이 속에서의 연착륙에서 시험될 것이다.

여하튼 경이로운 중국의 부상에 직면한 미국과 일본은 한편으로는 성장한 중국의 거대 시장을 활용하면서, 다른 한편으로는 양국 간의 긴밀한 협력하에 대중 견제를 강화해 왔다. 흥미로운 점은 중국과 일본이 거의 같은 시기에 리더십 교체를 했고, 이때 새로 등장한 리더십이 각국에서는 과거 그 어느 때보다도 강력한 리더십을 구축했다는 점이다.

일본에서 아베 정권이 다시 등장하게 된 데는 국내적인 요인도 있겠지만,

그에 못지않게 국제적 요인이 영향을 미친 것으로 보인다. 일본에서의 이른바 '잃어버린 20년'은 일본의 경제력을 세계 2위에서 3위로 후퇴시키는 결과를 초래했고, 심각한 디플레이션하의 고용불안, 출생률 저하, 초고령화 등이 겹쳐 일어났다. 더욱이 지난 20여 년 동안 약 1년 단위의 단명 리더십이 이어지면서 활력을 잃은 일본은 무엇보다도 강력한 리더십을 대망하게 되었다.

현대 전쟁이 지상군전투 능력보다는 해상 및 항공 전력의 운영 능력에 좌우된다는 점에서, 상당한 정도의 경제력은 물론 최신예 해상 및 항공 전력을 보유한 일본은 부상하는 중국에 대한 견제 필요성에 직면한 미국에게 어느 나라와도 비교할 수 없을 정도의 호조건의 파트너일 것이다. 이러한 사회적 분위기 속에서 탄생한 아베 정권은 한편으로는 아베노믹스, 다른 한편으로는 "아름다운 일본"[22] 실현을 목표로 내세웠다. 아베 정치의 지향점인 아름다운 일본은 정상국가, 곧 헌법 개정을 통한 '강한 일본'의 실현이다. 그것은 곧 미국과의 사이에 안보 이익을 공유하는 것이며, 앞에서도 지적한 것처럼 근대화 이래 '부국강병' 추구라는 국가 목표가 제2차 세계대전에서의 패배로 좌절된 후 요시다 시게루에 의해 수립된 부국약병의 외교 전략이 다시 부국강병으로 환원되는 것을 의미한다.

아베와 비슷한 시기에 리더십을 확립한 시진핑 역시 전임 후진타오와는 비교할 수 없을 만큼 강력한 리더십을 구사하고 있다. 국내 정치경제의 병리病理인 부패 척결을 주도하여 대내적 권력 기반을 공고화한 시진핑은 다시 이를 통해 대외적으로도 강한 중국을 기치로 내걸고 있다. 시진핑 정권하의 중국에서는 이른바 "중국 꿈中國夢"이 자주 언급되기 시작했다. 분발유위하겠다는 최근의 중국 모습에서 '중국 꿈'은 중국이 미국에 견주는 '대국'으로 세계적으로 인지되는 것으로 해석되기도 한다. 그러나 '중국 꿈'이 중국'만'의 꿈이 된

22 安倍晋三, 『美しい国へ』, 文藝春秋, 2006.

다면, 이는 환동해지역의 정치와 안보에 큰 위협으로 다가올 것이다.

강하고 아름다운 일본과 분발유위하는 중국은 강 대 강으로 도처에서 대립, 갈등하고 있다. 특히 2013년부터 환동해지역의 정세는 상충하는 국가 목표, 대립하는 이해관계, 상이한 국가별 우선순위 등으로 인해 역내 국가 간 경쟁과 긴장, 갈등이 '위험한' 수준에 이르고 있다. 북한만이 안정 파괴자인 것도 아니다. 센카쿠 열도를 둘러싼 영토 분쟁에서 중국은 군사적 시위를 마다하지 않았고, 이에 대한 일본의 반응은 환동해지역 긴장 고조의 또 다른 양상을 보여 주고 있다. 중국의 신형 대국관계 구상과 미국의 아시아 회귀는 양국의 대결 가능성을 높이는 요인이다.[23] 실제로 미국이 주도하는 환태평양경제동반자협정TPP과 중국이 주도하는 역내 포괄적 경제동반자협정RCEP은 각각 아시아태평양지역에서의 경제적 지배력을 둘러싼 양국의 전략임은 재론을 요하지 않는다.

한·중·일 관계 역시 상호 불신이 깊어졌다. 중국과 일본 및 한국과 일본 간의 역사적 갈등·영토 분쟁은 출구 없는 대립으로 보인다. 먼저 중일관계를 살펴보면, 목하의 중일관계의 핵심은 지역패권을 둘러싼 중국과 일본 양국의 경쟁적 대결이라고 볼 수 있다. 역사 문제와 더불어 특히 센카쿠 열도 분쟁이 양국의 지역 주도권 경쟁과 맞물려 심각해지고 있다. 2014년 1월 아베는 다보스포럼에서 양국 관계를 제1차 세계대전 발발 직전의 영국과 독일의 갈등 상황에 비유했다. 한일관계 역시 역사 쟁점들이 현안이 될 때는 여지없이 양국의 우호협력관계가 상쇄相殺되어 왔다.

상대적으로 긴밀한 관계를 과시해 온 것으로 평가되는 한중관계에서도 파

---

23 미어샤이머John J. Mearsheimer는 중국이 헤게모니 도전자hegemonic challenger로 부상함으로써 미국과 중국이 전쟁 가능성도 배제할 수 없는 포괄적 안보 경쟁을 할 것이라고 주장했다. John J. Mearsheimer, "China's Unpeaceful Rise," *Current History*, Vol. 105, No. 690, 2006, pp. 160~162.

표 1 나선경제무역지대와 개성공업지구의 비교

	나선	개성
위치	함경북도	황해남도
면적	약 470km²	66km²
지정일	1991. 12.(2010. 1. 특수경제지대)	2002. 11.
유형	경제무역지대	공업단지
관련법	나선경제무역지대법	개성공업지구법
관리 및 지도	북·중 공동지도 및 관리위원회	중앙공업지구 지도기관(북측), 관리위원회(남측)
개발 주체	북·중 공동개발(투자개발공사)	북측이 선정한 남측 개발업자
주요 기능	첨단기술·국제물류·장비제조·무역 및 중계수송, 수출가공, 금융, 서비스	공업, 무역, 상업, 금융, 관광지
자치권	행정	독자적 지도·관리
비자 여부	무비자(출입증명서)	비자 발급

* 김창도(2015) ; 조유현(2015)

경제개발구와 신의주특구 설치를 발표했다. 이후 2014년 7월에 6개의 경제개발구를 추가로 지정했다. 이는 외국자본 유치를 통해 지역 균형발전을 꾀하는 한편, 경제 회생을 위한 주력 사업이라 볼 수 있다.[5]

향후 재개될 남북 간 경제협력 관계는 2010년 이전과는 다른 양상이 될 가능성이 크다. 또한 중국에 경제적 의존이 심화되는 것이 부담스런 북한

5 임을출, 「김정은 시대의 경제특구 정책 : 실태, 평가 및 전망」, 동북아경제학회 춘계학술세미나, 2015년 5월 22일.

당국은 이전보다 더욱 국제사회와의 협력을 다변화하는 방향으로 나갈 것이다. 최근 러시아와 나선 개발 등 전全방위적 경제협력 강화에 나선 것도 그 예이다.[6] 북한은 연계의 확장성 없이는 진정한 경제성장을 실현할 수 없을 것이다. 더구나 2015년 11월에 북한은 '나선경제특구' 종합개발계획을 밝히며 외국자본 유치와 투자에 적극적으로 나서 본격적인 '개방실험' 모델이 됨을 알리고 있다. 이들 경제특구는 사유권 인정이나 세금 등 개혁과 개방의 길로 가는 시험대가 될 것이므로 매우 중요한 의미를 지닌다.

연구 방법으로 나선경제특구의 경우는 데이터 수집이 용이하지 않아 중국 및 북한 전문가들의 면담을 활용해 자료를 보완했다. 반면에 개성공단의 경우는 개성공단관리위원회 내부자료 등을 활용했다. 이 글에서는 북한이 대외경제협력의 중점 사업으로 추진 중인 나선경제특구와 개성공업지구에 대해 핵심적인 쟁점을 논의하고 평가하고자 한다. 먼저 북한의 경제특구를 집적경제, 제도주의 경제학 및 네트워크이론을 통해 조명해 본다. 이어서, 이들 경제특구의 관리운영체제, 투자 유치, 노동력, 인프라, 제도 등 주요 요소들을 중심으로 살펴본다. 다음으로 이행상의 현안 문제점을 진단한 후에 결론으로 이들 경제특구에 대한 평가와 향후 활성화 내지 회생 방안을 모색한다. 동시에 북한의 핵실험과 장거리미사일 발사로 야기된 개성공단의 전면적 중단이 남·북·러 협력사업인 나진-하산 프로젝트에 미치는 영향을 고찰한다.

---

6 장형수, 「서론 : 북한개발지원을 위한 국제협력 – 방향과 과제」, 한국수출입은행 북한개발연구센터 편, 『북한개발과 국제협력』, 오름, 2014, p. 18.

2. 이론적 접근

북한의 경제특구를 설명하는 데 있어 집적경제이론, 제도주의경제학 그리고 네트워크이론을 들 수 있을 것이다. 먼저, 집적경제economies of agglomeration는 다수의 경제 주체의 경제활동과 기업의 생산활동이 동일한 지역에 집중함으로써 얻을 수 있는 경제적 이익을 뜻한다. 동종 및 유사 기업들이 근접 또는 밀착해 입지하는 것은 지리적 근접성으로 주체 간 기술 및 정보 습득, 자본 축적, 인력 확보 등의 이점을 발휘할 수 있기 때문이다.[7] 집적경제는 주로 기업의 생산비 또는 생산성에 미치는 효과로 측정되지만 가끔은 고용 수준이나 고용의 증가율에 미치는 효과로 측정되기도 한다.[8]

다음으로 자유주의의 경제학적 기초인 신고전파이론을 비판하는 이론 중 하나인 제도경제학파의 이론은 "자본주의 경제는 단순히 가격기구만을 통해서 변동하는 것이 아니고, 법률, 사회적 관습 등 각종 제도에 의해서도 규정된다는 점"을 강조한다. 이런 맥락에서 "진정한 경제 분석은 제도 연구와 접목되어야 한다"고 주장한다.[9]

마지막으로, 관계망network이 공간에 적용되는 범위는 다양한 지역적 수준에서 나타날 수 있다. 정보통신기술의 발달은 관계망 공간이 지방 규모와 글로벌 규모를 모두 아우르는 구조로 형성되는 것이 가능하게 했다. 이는 바로 관계망 지역의 등장으로 이어진다. 즉 주체들 간 상호작용 관계망이 치밀해지는 방향으로 네트워킹이 이루어진다면 이는 바로 주체 간 사회적·제도

---

7 이덕희, 『네트워크 이코노미』, 동아시아, 2008, p. 257.

8 박수환, 『신 지역경제 이론 및 분석』, 진샘미디어, 2012, p. 74.

9 장하준, 「제도경제학」, 박만섭 엮음, 『경제학, 더 넓은 지평을 향하여』, 이투신서, 2005, p. 63.

표 2 북한의 나선 및 개성 경제특구

경제특구	진행 경과	연계 광역경제권
나선 경제지대	1991년 12월 나진·선봉 자유무역지대 지정 1994년 나진·선봉 경제무역지대 지정 2000년 나진·선봉을 합쳐 나선시 2006년 나선직할시 2010년 '라선직할시'를 '라선특별시'로 승격 2013년 러시아 나진-하산 철도연결 프로젝트 추진 2014년 러시아 나진항 3호 부두 준공	북동부 광역경제권 (청진·김책·온성·회령)
개성 공업지구	1999년 공단건설사업에 대한 합의서 체결 2000년 개성공업지구 건설 및 운영에 관한 합의 2002년 11월 개성 공업지구법 발표 2003년 개성공업지구법 세부규정 발표 2004년 시범단지 입주대상 15개 업체 선정 2013년 4월 공단 가동 중단 2013년 9월 공단 재가동 및 운영 2016년 2월 공단 폐쇄 조치	메가수도권 (해주·남포·평양· 서울·인천)

* 민경태(2014, 163) 참조

승격시켰다. 2012년 10월 26일에 나선경제무역특구를 공동으로 개발 및 관리하는 관리위원회가 정식 출범했다. 국가공동지도위원회, 성省·시市 업무위원회, 나선경제무역구관리위원회 등 3단계의 협력기구를 만들어 협력 시스템을 가동했다.

나선특구는 첨단기술산업(컴퓨터, 통신설비, 가전, 바이오의약), 원자재공업(원유가공, 석유화학, 야금, 건축자재), 중공업(조선, 기계, 자동차), 경공업(농수산가공, 일상용품, 가죽제품), 서비스업(창고 보관, 물류 및 관광), 현대고효율농업(신품종, 신기술, 신설비 도입, 생산시스템 확산) 등 6대 산업의 중점 발전을 목표로 하고 있다. 현재 19만 명인 나선시 인구를 25만 명까지 늘릴 계획이다.

산업 배치는 1지대, 4지역 및 10단지로 구성되어 나진-선봉-웅상-굴포에 이르는 '연해계단식'의 산업지대를 형성하게 된다. 나진은 창고 보관 및 물류, 장비 제조, 첨단기술, 피복 및 식료 가공, 선봉은 원자재, 방직 피복, 장비 제조, 농수산물 가공, 웅상은 종합목재 가공단지, 굴포는 현대적 고효율 농업시범구로서 역할을 담당하게 된다.[17]

2009년 10월 원자바오溫家寶 총리의 북한 방문 시 중국은 나진항 1호 부두의 운영권을 확보하게 되었다.[18] 중국은 나진항 1부두 사용권을 50년간 확보해 창지투를 거쳐 나진항을 통해 북극해를 거쳐 유럽에 진출하거나 태평양으로 나가는 출구를 확보했다. 훈춘 취안허에서 나진항까지의 도로건설이 완공된 후 기존에 2시간 걸리던 운송 시간이 50분으로 단축되어 물류비용과 시간이 절약되었다. 또한 나진항은 400만 톤의 물동량을 처리할 수 있는 항만 조건을 갖추고 있다.[19]

2013년 12월 장성택 부장이 처형당함으로써 북·중 간 합의 이행이 지연되기 시작했다. 장성택과 중국 간에 합의한 주요 프로젝트는 송전, 국경다리 건설, 투먼(남양)-나진 간 철도 건설, 무산철광 개발, 나진항 4·5·6호 부두개발 및 50년 임대, 북대황 집단농장프로젝트 등 6개이다.[20]

2013년 11월 나선경제특구 황철남 부위원장이 극동러시아 연해지방의회 고르차코프Gorchakov 의장과의 면담에서 130개의 해외투자기업이 나선특구에서 활동하고 있다고 언급했다.[21] 다수의 기업들은 중국계 무역회사로 알

---

17 김창도, 「중국의 경험으로 본 북한의 특구 전략과 과제」, 경희대 국제지역연구원 제6차 환동해포럼 발표, 2015년 10월 2일.

18 신범식, 앞의 책, p. 315.

19 이성우 외, 『북방물류시장과 연계한 나진항 활성화 방안』, 해양수산발전개발원, 2015, p. ii.

20 임을출, 앞의 논문, p. 15.

21 김학기 외, 『남-북-러 삼각 경제협력 방안 연구』, 산업연구원, 2014, pp. 167~168.

려져 있다. 투자 분야는 해산물 가공 수출, 의류 가공, 담배 가공, 농산물 가공, 건축 원자재, 기계전기 제조 등이다. 나선특구에 가동 중인 9개 수산물 가공공장과 19개 의류공장에서 생산된 제품들 대부분이 중국 수출용이다.[22]

2000년대 중반까지 성게 등 수산물이 일본으로 주로 수출되었으나 2006년, 2009년, 2013년에 각각 북한 1·2·3차 핵실험, 2012년의 미사일 발사 등으로 야기된 대북제재로 인해 최근에 수출은 주로 중국을 대상으로 하고 있다. 가공무역을 하는 북한 기업으로 수채봉수산사업소는 종업원이 약 3,000명으로 90종에 이르는 수산가공품의 70%를 중국에 수출해서 이 회사 내에 중국 지린 성과 헤이룽장 성 번호판이 붙은 대형트럭이 줄지어 있다. 나머지는 북한 국내에 판매한다. 재일교포가 운영하는 나선대흥무역회사는 종업원이 약 1,000여 명으로 중국과 북한용 가공품 생산과 러시아산 게를 가공해 다시 러시아로 수출하고 있다. 예전에는 일본과 거래를 했으나 요즈음 중국과 러시아와의 무역이 주를 이루고 있다. 나선피복공장은 조끼와 오토바이 장갑을 생산하고 있다. 중국에서 재료를 구입해 완제품을 만들어 중국에 수출하고 북한 내에서도 판매하고 있다.[23]

다른 한편으로는 2011년 8월 북-러 정상회담을 통해 양자 간 전략적 협력이 가시화되고 있다. 러시아는 북한의 부채 문제 해결과 경제협력, 군사 분야 협력, 러-북-남 가스관 연결, 러-북 전력망 연결, 러-북-남 철도 연결 등 여러 분야에 걸쳐 관계 개선 방향을 제시하고 있다.[24]

---

22 이종림, 「중·북 라선지역 공동개발 및 대북 영향」, 연변대·경남대 극동문제연구소 공동 주최 간담회 자료, 2014년 10월 9일.

23 이토 다카시, 「제3부두의 열기, 러시아의 손짓…… 나선경제특구를 가다」, 『한겨레』, 2015년 9월 19일.

러시아는 나진-하산 간 54km 철도 현대화 작업을 2013년 9월에 완공했다. 화물을 육로로 나진항까지 이동한 후에 부산까지 이송한다는 것이다. 한국 기업인 코레일, 포스코, 현대상선 등을 상대로 북·러 합작법인의 지분 매각 협상을 펴고 있다.[25] 러시아와 북한이 공동으로 개·보수를 추진해 온 나진항 3부두 화물터미널이 2014년 공식적으로 개통되었다.

앞서 언급한 나진-선봉-웅상항을 중추로 하는 '연해계단식' 산업벨트의 형성을 기점으로 해서 세 방향, 즉 북으로 훈춘, 투먼, 하산, 남으로는 청진과 연결되는 육상통로 그리고 동해로의 해상통로가 구축되었다.[26] 나진항 개발에 따른 북한, 중국 동북3성, 러시아, 몽골 등의 자원 개발과 수입이 가능하게 된 것이다. 최근 두 차례에 걸쳐 시범사업으로 나진항을 경유해 포항으로도 석탄이 반입되었다.

2015년 12월 6일에는 백두산 생수가 북한 나진항을 거쳐 부산 신항에 도착했다. 농심이 백두산 인근 중국 지린 성 얼다오바이허二道白河에서 생산한 컨테이너 10개 분량의 생수를 들여온 것이다. 중국 훈춘 취안허 통상구를 거쳐 북한 나진항으로 이동한 뒤 컨테이너선에 실려 부산항에 들어왔다. 이는 나진-하산 프로젝트 3차 시범운송 사업의 하나로, 민간 컨테이너 화물이 이 루트를 통해 부산항에 들어온 것은 2010년 5·24 대북제재 조치 이후 처음이다.[27] 2016년에 상하이 항에서 컨테이너가 선박에 실려 나진항까지 수송된 뒤에 하역되고 환적되어 나진-하산 철도를 이용해 시베리아 횡단 철도

24 신범식, 앞의 책, p. 324.

25 성기영, 「남-북-러·남-북-중 삼각협력을 통한 대북경협 활성화 방안」, 『수은북한경제』, 2014, 가을호, p. 53.

26 김창도, 앞의 논문, p. 17.

27 박상현, 「나진-하산 루트」, 『국제신문』, 2015년 12월 7일.

를 통해 모스크바까지 운반될 계획이다.[28]

북한의 인프라는 매우 취약하다. 통신비용이 높을 뿐만 아니라 특히 전력의 부족은 가장 심각한 문제로 지적된다.[29] 나선의 불안전한 전력 공급과 약한 전압으로 인해 일부 중국 기업은 디젤엔진발전기를 들여와 사용해서 비용이 많이 들기도 한다. 2015년 하반기부터는 전략공급선이 중국에서 러시아로 전환되었다.

나선경제특구는 지도기관부터 북한과 중국이 공동으로 구성하여, 제도상으로는 실질적인 공동개발, 공동관리 체계를 구축하고 있으나 중국의 북한특구에 대한 지원책은 소극적이다.[30] 북한 나선은 남북한의 중앙에서 멀리 떨어져 있어 정치적 부담이 적으므로 한국 투자의 우선순위로 부상할 것이 예상된다. 더구나 북한 나선-중국 훈춘-러시아 하산-블라디보스토크는 한반도 북방지역의 주요 초국경 도시협력권을 형성할 가능성이 크다. 즉 물류, 에너지, 수출경공업을 중심으로 한 북방지역의 대외 관문 역할을 담당할 것이다.[31]

다른 한편으로 나진-하산 프로젝트는 남북한·러시아 3개국의 물류협력사업이다. 이 프로젝트를 통해 북한 나선의 물류와 중국 훈춘의 수출경공업, 러시아 극동지역의 에너지산업을 연계하는 시범사업으로 발전시키는 방안이 제시되었다.[32] 또한 중국은 조만간에 훈춘-나진-사할린을 잇는 항로를

---

28 박정우, 「북·중·러, 나진항 환적 수송 내년 시작」, 『자유아시아방송』, 2015년 12월 4일.

29 양문수, 앞의 책, p. 388.

30 이석기·김석진·정근주, 앞의 책, p. 110, 114.

31 이상준, 『한반도 북방지역의 미래 비전』, 2015 국토연구원 국제세미나, 2015년 11월 24일.

32 중국 전문가와 패널 토론, 2015년 11월 24일.

개통할 예정이다.[33] 그럼에도 2016년 1월 초에 북핵 실험으로 인해 당분간 중국 및 러시아의 대북 투자는 축소될 가능성이 크다.

(2) 개성공업지구 : 민족경제의 절합

개성공단은 2000년 8월에 베이징에서 현대아산(주)과 북측 조선아시아태평양평화위원회, 민족경제협력연합회 3자 간에 '공업지구 건설에 관한 합의서'를 체결하면서 출범했다. 실제 착공은 2003년 6월에 개시되었다. 개성공단 건설에 대한 최초의 남북 합의는 1단계(공단 100만 평으로 약 3.3km²)부터 3단계에 걸쳐 공단 800만 평(약 26.4km²)과 배후도시 1,200만 평(39.7km²)을 합친 전체 2,000만 평(약 66.1km²)의 거대도시를 건설한다는 계획이었다.[34]

1990년대 말에 북한 정권은 남한의 현대그룹에게 대북사업의 독점권을 부여했고 현대는 개성공단 사업 등을 의욕적으로 기획했다. 그럼에도 북한의 특구 사업을 추진하는 데 있어 비용과 위험을 부담할 주체가 필요하게 되어 2000년대 초·중반에 한국 정부가 그 역할을 맡아 개성공단 사업을 주도적으로 추진했다.[35]

개성공업지구는 남한의 기술과 자본, 북한의 토지와 노동력이 결합하여 운영되므로 남북한의 여러 기관이 공단 운영에 관여하고 있다. 남한의 통일부(남북협력지원) 등 관계 부처, 개성공업지구관리위원회, 북한 중앙특구개발지도총국 등이 공단의 관리 운영에 참여하고 있다. 첫째, 개성공업지구관리위원회는 입주 기업들의 생산 및 경영활동을 지원하기 위해 설립한 행정

33 박정우, 「중 "훈춘-나진-사할린 항로 올해 개통"」, 『자유아시아방송』, 2015년 10월 26일.

34 김진향, 『개성공단 사람들』, 내일을여는책, 2015, pp. 46~47.

35 이석기·김석진·정근주, 앞의 책, p. 109.

표 4 개성공단 근로자 현황(2014)

(단위 : 명)

구분	입주기업						지원 기관 /기업	영업 소 /기타	건설/ 개발 업자	합계
	섬유	화학	기계	전자	기타	소계				
남측	374	67	92	61	17	611	116	27	34	788
북측	33,260	3,632	5,900	7,430	1,714	51,936	654	334	542	53,466
합계	33,634	3,699	5,992	7,491	1,731	52,547	770	361	5576	54,254
비율 (%)	62.0	6.8	11.0	13.8	3.2	96.9	1.4	0.7	1.1	100

* 심상진(2015) 참조

2014년 12월 말 근로자 수는 남측이 788명이었고 북측이 5만 3,466명이었다. 북한 근로자의 연령대를 살펴보면, 2006년에서 2013년 사이에 20~30대의 비율은 79.4%에서 51.9%로 27.5%가 감소한 반면, 40대 비율은 12.9%에서 39.1%로 크게 증가했다. 이는 신규 젊은 노동력 공급 부족과 함께 근로자의 고령화 현상을 말해 준다. 북한 근로자의 성별은 2006년에는 여성이 81.2%, 남성이 18.8%였으나 2014년에는 여성이 68.2%, 남성이 31.8%로 남성 비율이 증가했다. 그 이유는 개성지역의 여성 인력이 부족해 남성 인력 공급이 증가했기 때문이다.[41]

북한 근로자의 임금은 최저노임과 가급금, 장려금 및 상금으로 구분되는데, 가급금은 야간근무 시에 기본급의 50% 추가, 휴일근무 시에는 기본급

41 홍양호, 「개성공단의 실상과 정책적 함의」, 제주평화연구원 편, 『JPI 정책포럼』 17, 2015, p. 5.

표 5 개성공단 근로자 월평균 지급액(2006~2014)

(단위 : US$)

연도		2006	2007	2008	2009	2010	2011	2012	2013	2014
월평균 임금		68.1	71.0	74.1	80.3	93.7	109.3	134.0	128.5	155.5
	노동 보수	60.3	63.1	65.8	71.5	83.9	98.1	121.2	116.0	141.4
	사회 보험료	7.8	7.9	8.3	8.8	9.8	11.2	12.8	12.5	14.1
최저임금 (기본급)		50.0	52.5	55.1	57.9	60.8	63.8	67.0	67.0	70.3

* 개성공업지구관리위원회 내부 통계자료

의 100%를 추가하게 된다. 이와는 별도로 생산 성과에 따라 성과급을 지급한다. 북한 측은 처음엔 개별적 인센티브를 거부했지만 최근에는 대부분 회사에서 책임자급에 대한 직책수당 지급을 시행하고 있다. 한편 근속수당이나 위험수당은 일부 회사에서 시행하고 있다.[42]

2012년에 개성공단 근로자의 월평균 임금은 134달러인 데 반해, 중국은 월평균 임금이 약 617달러 40센트로 거의 5배나 높은 수준이다. 북한 근로자의 임금상승률은 2006년부터 2013년까지 평균 10% 내외의 상승률을 나타내고, 2014년에는 월평균 임금이 155달러 50센트였다. 그럼에도 개성공단의 북한 인력 채용은 북한 측 노동알선기관을 통해 이루어져, 기업의 직접적인 자율적 채용과 관리가 불가능한 노동시장의 경직성이 지적되고 있다. 토지공급 가격과 공단 관리 비용은 상당히 양호한 여건으로 평가되고 있

42 위의 논문, p. 5, 10.

다. 한국의 개성공단에 대한 기반 인프라 투자로 인해 전력, 용수, 물류 수급은 양호한 수준이다.[43] 매일 3~4만 킬로와트의 전력과 용수 1만 톤이 문산에서 공급된다.

북한은 2008년 하반기부터 최근까지 한반도 정세 등을 이유로 어려운 상황을 겪어 왔다. 2008년 12월 1일에 북한 측이 우리 측에 대한 체류인원 제한 조치, 2009년 3월 9~20일 육로통행 제한 조치, 2009년 3월 30일~8월 13일 현대아산 직원 억류 조치 등 위기 상황이 발생했다.[44]

개성공단은 2010년에 발생한 두 차례의 군사적 도발로 파국에 치달았다. 2010년 3월 26일 천안함 사건을 계기로 2010년 5월 24일에 한국 정부가 한국 기업의 개성공단 신규 진출과 투자를 허용하지 않는 이른바 '5·24조치'가 내려졌다. 기존 입주 기업도 남북관계가 경색된 가운데 지속적으로 생산을 늘려 왔지만 신규 투자가 원천적으로 봉쇄되어 성장에 한계가 있다. 같은 해 11월 연평도 포격 사건 직후에는 개성공단 출경을 차단하고 귀환만 허용했다.

2012년 12월과 2013년 2월에 북한은 은하3호 로켓 발사와 핵실험으로 긴장을 고조시켰다. 이어서 4월 3일에 남측 근로자의 개성공단 출입을 제한하고 8일에는 개성공단 가동 중단을 선언했다. 남한 정부도 4월 26일에 개성공단에 잔류하던 남한 인력을 철수시킴으로써 맞대응했다. 이후 개성공단은 133일 동안 사실상 폐쇄되었다가 2013년 8월 14일 남북한이 '정상화'에 합의하면서 9월 16일 운영이 재개되었다.[45]

남한 측에서 개성공단에 드나드는 인원은 2005년 4만 명에서 2012년 12

43 나승권·홍이경, 앞의 책, pp. 57~61.

44 홍양호, 앞의 논문, p. 2.

45 김치욱, 앞의 논문, p. 353.

표 6 개성공단 생산제품의 국가별 수출 현황

(단위 : 1,000달러)

국가	2005~2008	2009	2010	2011	2012	2013
중국	20,195	4,270	6,267	1,573	1,343	748
일본	1,368	547	495	888	877	60
러시아	16,857	3,765	4,629	4,795	4,407	1,885
오스트레일리아	16,631	10,426	12,069	13,382	16,271	5,436
중동	14,184	2,826	3,475	3,803	3,511	1,735
유럽	21,091	4,504	5,289	5,433	5,051	2,135
기타	5,879	2,262	4,453	6,993	4,933	94
합계	96,205	28,600	36,677	36,867	36,393	12,093

* 개성공업지구관리위원회(2014. 1) 참조

만여 명으로 3배 이상 증가했다. 차량 출입도 같은 기간에 1만 9,000대에서 8만 9,000여 대로 5배로 급격히 증가했다. 물류 연결망은 개성공단과 지리적으로 인접한 서울, 인천, 경기 지역과 연결 강도가 높은 것으로 나타났다.[46]

개성공단은 수출망을 통해 해외시장과도 연계되어 있다. 수출 비중은 2005년 5.8%에서 2006년에 26.8%로 정점을 기록한 이후 2012년에 7.9%를

46 위의 논문, pp. 363~364.

차지했다가,[47] 2013년에는 수출 비중이 5.4%로, 2014년에는 3.3%로 지속적으로 하락했다. 2013년 인접 국가인 중국이나 일본으로의 수출 비중은 각각 6.2%, 0.5%로 미미하다. 반면에 러시아, 유럽으로의 수출 비중은 각각 15.5%, 17.6%로 비교적 높다. 오스트레일리아로의 수출 비중은 45%에 달해 주요 수출 대상국임을 알 수 있다.

개성공단 입주업체는 극히 제한적 범위에서만 기계설비 교체가 가능한 형편이다. 2014년 중소기업중앙회가 개성공단 10주년을 맞아 입주 기업 34개사를 설문 조사한 결과, 개성공단이 가장 시급히 해결해야 할 현안으로 공단 운영의 안전성 확보(23.8%)가 꼽혔다.[48] 개성공단의 경우, 개성지역이 통제된 가운데 남한으로 물자수송만 가능한 한계가 있다.[49]

요컨대 북한은 국가위험도가 너무 높아서 민영특구는 시기상조이며, 한국을 포함한 외국 정부와의 공동개발이 현실적인 개발 방안이 될 수 있다.[50]

4. 경제특구의 제도 비교

김정일 정권은 1997년 나진·선봉 경제지대에 시장경제 기능을 도입·확대하는 조치를 취했다. 1998년 헌법 개정을 통해 개인 소유의 범위를 확대하고

47 위의 논문, p. 367.

48 「〈5·24조치 5년〉 ④ 신규투자에 막힌 개성공단」, 『연합뉴스』, 2015년 5월 20일.

49 유병규·최성근, 「북한 나선특별시 개발 전망과 시사점」, 『경제주평』, 현대경제연구원, 2010, 2, p. 5.

50 이석기·김석진·정근주, 앞의 책, p. 109.

기업의 자율성과 채산성을 중시하며 대외무역을 강화하는 내용을 추가했다. 그러나 동시에 자본주의 요소의 유입과 확산을 방지하도록 개방의 폭을 제한해 결국은 형식에 불과했다.[51]

또한 '나선경제무역법' 등 법규 개정과 투자 유치 정책 개선에 나섰다. 2010년 1월에는 '나선경제무역지대법'을 수정·보완했고, 2011년 12월 이를 재개정했다. 2011년 개정법령에는 투자자의 재산국유화 금지 및 국유화 시 보상한다는 규정(제7조와 제9조)이 신설되었고, 경제무역지대의 관리 원칙에서 경제발전의 객관적 법칙과 시장원리를 준수하는 '국제관례'를 참고한다는 규정(제23조)도 포함되었다. 나선경제무역지대의 독립성을 위해 독자적인 관리위원회를 신설했고 이의 운영에 대한 여러 규정들도 명시되었다(제24~28조).[52] 2015년 11월에는 '나선특구 종합개발계획'을 확정해 50여 개의 나선경제무역지대 투자 관련 법규를 공개하며 외국자본 유치와 투자에 적극 나서고 있다.

'나선경제무역지대법'에는 세계 여러 나라의 법인이나 개인, 경제조직이 투자할 수 있다. 북한 영역 밖에 거주하는 조선동포도 이 법에 따라 경제무역지대에 투자할 수 있다(제4조). 다시 말하면, 한국 기업의 투자가 가능하지 않다는 조항이 없기 때문에 한국 기업도 중국 기업과 나선지역 동반 진출을 모색할 수 있다.[53]

경제특구에서 외자기업에 대한 소득세는 중국이 15%, 북한이 14%로 되

---

51 김중호, 「북한의 경제개발 실태와 국제개발지원 수용 가능성」, 한국수출입은행 북한개발연구센터 편, 『북한개발과 국제협력』, 오름, 2014, pp. 55~56.

52 성기영, 앞의 논문, p. 53.

53 이종림, 「동북아 물류인프라의 구축과 무역활성화 과제」, 2014 북한개발국제컨퍼런스, 2014년 7월 2일.

어 있다. 북한의 나진·선봉 자유경제무역지대에서의 임금 수준은 월 100달러 정도(최저임금 75달러)로 중국보다는 낮지만 베트남보다는 높다.

북한은 '나선경제특구 종합개발계획'을 통해 "합법적인 이윤과 이자, 이익배당금, 임대료, 봉사료, 재산판매 수익금과 같은 소득을 무제한 북한 영역 밖으로 송금이 가능하다"고 명시했다. 더불어 나선경제특구에서 활동하는 기업에 대한 자율경영을 보장해 생산·판매·재정 계획을 세울 권리, 인원 채용, 생활비 기준과 지불 방식, 생산품 가격, 이윤 분배에 대해 독자적인 결정 권리를 부여하겠다는 것이다. 즉 북한은 투자정책 분야에서 "기업의 경영활동에 비법적인 간섭을 할 수 없으며 법규에 규정하지 않은 비용을 징수하거나 부담을 지울 수 없다"고 공지했다. 나선경제특구에 입주한 기업에 대해 계약이나 기업의 소유, 처분 등에서 재량권을 보장하겠다는 내용도 이 종합개발계획에 담고 있다.[54]

노동자 고용의 경우 중국, 베트남에서는 외자기업이 독자적으로 노동자를 채용할 수 있다. 하지만 북한에서는 외자기업이 노동행정기관과 계약을 체결해 채용하게 되어 있다. 나선지대 내에서 인력의 채용은 나선시 인민위원회를 통해 이루어지고, 개별 기업이 자력으로 인력을 모집해 선발할 수 없다.

나선지대 노동규정이 개성공업지구 노동규정과 다른 점은 전자는 직업동맹조직을 인정한다는 것이다. 직업동맹조직은 노동조건에 관한 사항보다는 문화활동과 사상총화 등을 중심으로 운영하는 조직이다. 이는 개정 나선지대법 제40조에서 규정하고 있는 기업의 자율성과 배치되는 내용으로 보인다. 특히 북·중 간의 합의 내용은 전체 종업원을 대상으로 노동계약제를 실시해 기업과 노동자 간의 자주적인 상호 선택을 실현하고(총 계획요강 제41

54 「북한 나선경제특구 '자본주의식' 모델 적용… '개방실험' 나섰나」, 『연합뉴스』, 2015년 11월 18일.

표 7 노동채용계약과 노동계약 규정

	외국인투자기업노동규정	나선지대 노동규정	개성공업지구노동규정
노동채용계약	기업-노동알선기관	기업-종업원	기업-종업원
노동계약	기업-직업동맹조직	기업-직업동맹조직	노동규칙 작성 (종업원 대표와 협의)

* 김병필(2015, 16) 참조

항), 기업경영 과정에서 노동력 채용과 해고 등의 행위는 기업이 시장원칙에 의거해 자율적으로 결정한다(총 계획요강 제45항)는 것이다. 다른 한편으로는 직업동맹조직은 파업권이 없고, 작업 과정과 문제점들에 대해 이 조직을 북한 노동자들에게 설명해 개선할 수 있는 이점도 있다.[55]

중국, 베트남에서는 외자기업의 내수판매가 제한되어 있지 않지만, 북한에서는 독자적인 내수판매가 제한되어 있다. 중국, 베트남에서는 외자기업이 독자적으로 물자구매가 가능하지만, 북한은 물자구매 때 국내 물자를 우선 구입하도록 강제하고 있다.[56] 다른 한편, 나선지대 기업 규정은 "기업은 생산한 제품을 지대 안이나 다른 나라에 판매가 가능하다. 지대 밖의 우리나라 영역에 대한 제품 판매는 정해진 절차에 따라 해당 기관과 계약을 맺고 한다"라고 규정해 중앙특수경제지대 지도기관을 거칠 필요가 없이 바로 북한시장에 제품 판매를 할 수 있도록 하고 있다.[57]

---

55 김병필, 「북한의 새로운 라선경제무역지대 하위 규정의 분석과 평가」, 『KDI 북한경제리뷰』, 2015, 2, pp. 13~14.

56 양문수, 앞의 책, p. 387.

57 위의 책, p. 23.

개성공업지구는 남한 기업을 주 대상으로 하고 있다. 즉, '개성공업지구법' 제1조에 명시된 것처럼, "민족경제를 발전시키는 데 이바지"하는 것을 목적으로 하고 있다.[58] 그럼에도 공업지구에는 남측 및 해외동포, 외국계의 법인, 개인, 경제조직이 투자할 수 있다(제3조).

남북 당국은 개성공단 출입 및 체류, 통신·통관·검역 합의서를 체결하는 한편, '개성공단지구법' 및 10개 하위 규정을 발표했다. 즉 개성공업지구의 개발, 기업 창설 운영, 세금, 노동, 관리기관 설립 운영, 출입·체류·거주, 외화 관리, 광고, 부동산 규정을 포함한다. 이로써 개성공단의 개발과 가동에 필요한 제도적 기반을 마련했다.[59]

개성에는 노력알선기업이 아직 존재하지 않으며, 중앙특구개발지도총국에서 그 역할을 대행하고 있다.[60] 개성공업지구 노동규정에는 노동계약의 체결과 관련된 조항이 없다. 다만 기업은 종업원대표와 협의하고 모든 노동자에게 적용하는 노동규칙을 작성하고 실시할 수 있다. 노동규칙에는 노동 및 휴식 시간, 노동보호기준, 노동생활 질서, 상벌기준 등을 정한다(개성공업지구 노동규정 제13조).[61]

개성공업지구법에 따르면, 기업이 생산한 제품을 북한 시장에 직접 판매할 수 없고 중앙공업지구지도기관을 통해 판매할 수 있다. 결국 제품 판로에 규제가 없어야 시장 상황에 따라 수출과 국내시장 전략을 병행하거나 성장 시장에 역점을 둘 수 있을 것이다.

---

58 정영철, 앞의 책, p. 165.

59 동용승, 「북한경제의 현황과 전망 : 식량배급제 및 개성공단을 중심으로」, 북한경제포럼 편, 『북한경제와 남북한 경제협력』, 오름, 2008, p. 25.

60 김치욱, 앞의 논문, p. 363.

61 김병필, 앞의 논문, p. 15.

5. 이행 및 운영상의 현안 문제

나선경제특구의 경우, 중국투자기업과 북한 행정기관 간에 계약 불이행으로 인해 마찰이 종종 발생한다. 예컨대 중국 기업이 계약한 사업에 치중하지 않고 사업을 확장해서 북한 당국과 마찰이 생겨 철수하기도 했다.[62] 다른 사례로, 나선경제특구에 중국의 베이다황北大荒 그룹은 2,000만 위안을 투자해 벼 등의 작물을 재배했는데 수확기에 북한 측은 수확을 미루며 못하게 했으며, 결국 수확물을 저가에 매수하게 되어 원가도 회수하지 못했다. 한편 일부 중국 기업의 경우 계약서 상의 북한 근로자를 공식 채용하는 것으로 명시한 후 이면으로는 현지 북한 근로자를 북한 기준 임금을 적용해 고용하는 등 편법을 사용해 대북사업을 하고 있다.[63]

2015년 8월 22~23일 이틀간 내린 집중호우로 인해 나선경제특구에 진출한 중국 기업들 다수가 막대한 피해를 입은 것으로 알려졌다. 침수된 공장의 기계들과 설비를 다시 수리하거나 교체해야 하기 때문에 아예 복구를 포기하고 철수하는 기업들도 있다고 한다. 북한에서는 자연재해로 피해를 입어도 손해보상보험제도가 없어 그 피해를 기업이 고스란히 감수해야 하기 때문에 복구를 위해 재투자보다는 철수를 고려한다고 한다.[64]

개성공단의 경우, 남북관계의 악화에 따라 개성공단 법제도가 불안정하게 적용된다. 더구나 개성공단에 실제적인 남북 당국 간의 협의체가 없는 상황이다. 북한 측이 2014년 11월에 노동규정을 일방적으로 개정해 최저임금의 연간 인상 상한선인 5%를 폐지하고자 했다. 2015년 3월부터는 최저임

62 중국 전문가 면담, 2015년 8월 11일.

63 해외교포 북한 투자자 면담, 2015년 9월 18일.

64 김준호, 「라선특구 중국기업 홍수피해 심각」, 『자유아시아방송』, 2015년 8월 31일.

금을 기존 70달러 35센트에서 5%를 초과한 5.18%로 인상, 74달러로 정하겠다고 통보해 남북 간에 갈등이 야기되었다. 남한 측은 "남북 간 합의사항 준수"라는 원칙을 고수해 쌍방 간에 대결적 양상이 전개되었으나, 2015년 5월 23일에 "남북 당국의 최종 합의 때까지 기존 수준의 최저임금(70달러 35센트)으로 지급하고, 인상분과 연체료는 추후 지급"하기로 타결되었다.[65]

통신의 경우 남한 측에서 1,300개 회선이 개성공업지구 입주 기업에 제공되고 있지만, 유선전화 이외의 인터넷이나 휴대폰 사용은 불가능하다.[66] 결국 3통(통행, 통신, 통관)의 비효율성으로 신속한 업무 처리가 불가능해 생산활동과 경영에 부담이 되고 있다.[67]

개성공단지구법에 개성공단은 남한 기업뿐만 아니라 해외 기업도 투자할 수 있다는 규정이 있지만 최근까지 개성공단 내에서 생산을 하는 해외 기업이 거의 없었다. 근래에는 개성공단의 국제화 가능성과 투자 관심이 높아지고 있었다. 2014년 6월에는 공업용 바늘을 생산하는 유명 독일 기업인 '그로츠 베커르트'사가 영업소 형태로 개성공단에 진출했다. 게다가 서방 기업으로는 처음으로 자동차 부품을 생산하는 독일 프레틀그룹의 한국법인인 한국프레틀이 한국토지공사와 계약을 맺고 2015년 말부터 자동차·전자 부품을 생산하기로 했다. 이전까지는 섬유업체인 에스더블유성거나 등 중국계 기업 2곳이 입주 계약을 맺었다.[68]

개성공단 제품이 한국산으로 인정받을 수 있는 경우는 ASEAN, EFTA, 싱가포르, 페루와의 FTA 등을 통해 원산지 인정 특례규정 및 그 근거가 적

---

65 홍양호, 앞의 논문, p. 3.

66 나승권·홍이경, 앞의 책, pp. 43~44.

67 김치욱, 앞의 논문, p. 360.

68 임을출, 「개성공단의 국제화 추진 방안과 향후 과제」, 『통일경제』 2, 2014, pp. 20~21.

용되어 매우 제한적이라 할 수 있다. 현재 미국의 경우, '행정명령13570'을 근거로 대미 수출을 금지하고 있으며, EU는 별도의 제한은 없지만 다른 개발도상국의 수출품이 통상 특혜관세 대우를 받는 반면, 개성공단 제품에 대해서는 특혜관세가 부여되지 않아 상대적으로 불리하다.

2014년 11월 10일 한·중 FTA협상의 타결로 그 합의 내용 중에 한반도 역외가공지역에서 생산되는 제품에 한해 원산지 지위를 인정하기로 한 부분이 있다. 이에 따라 개성공단에서 생산되어 중국에 수출된 제품은 협정 발효 시부터 특혜관세를 받을 수 있게 되었다. 따라서 개성공단의 국제화 측면에서 중국 기업의 개성공단 진출이 더욱 가시화될 가능성이 있었다.[69]

다른 한편으로는 북한 현지에서의 저렴한 원자재 조달이 이루어지지 못해 효율성이 현저히 떨어지는 한계가 있다.[70] 원부자재와 부품 조달이 수입이나 국내 조달이 모두 가능해야 시장 상황에 대처하는 전략적 선택을 할 수 있을 것이기 때문이다.

6. 결론 : 평가와 쟁점

북한의 나선경제특구와 개성공업지구는 노동집약산업을 중심으로 운영되고 있다. 나선경제특구는 북한과 중국 간의 양자 산업협력이 주로 이루어져 온 반면, 개성공단은 한국과 북한 간 양자 산업협력이 중심이 되고 있다. 최근 북한은 나선경제특구가 중국 의존성이 심화되는 것을 경계해, 러시아에 철도 및 항만 등 인프라 구축을 허용함으로써 러시아가 균형을 잡는 지렛대

69 위의 논문, p. 22.

70 나승권·홍이경, 앞의 책, p. 65, 78.

역할을 해 줄 것을 기대하고 있다. 동시에 이들 경제특구의 개방화 확대를 통해 다자협력의 전환이 모색되고 있다.

북한은, 최근 '나선경제특구 종합개발계획'을 공표했듯이 나선경제무역지대에서 성공 모델을 창출하는 데 집중할 것으로 보인다. 이 조치는 법률적 기초와 제도적 환경을 개선함과 동시에, 투자기업에 대한 자율경영과 이윤을 전면적으로 보장하는 측면에서 개방화의 시발이 될 것으로 보인다.

개성공단은 북한 근로자들이 남한의 자본주의 시장경제에 대한 이해를 하는 계기를 제공했다. 즉 북한 관리자 및 근로자들이 자본주의 시장경제의 요소인 품질, 디자인, 납기, 배상청구, 성과급 등의 개념을 이해하게 되었고 이를 생산활동에 도입하고 있다. 최근에는 집단적 성과급뿐만 아니라 개인적 성과급(근속, 직종, 직책수당)도 적용하고 있다.[71]

중국의 경제개발구는 경제특구를 관할하는 지방에 권한을 대폭 위임해 개발구 개발에 대한 지방정부의 자율성을 보장했다. 그러나 북한의 경제특구나 경제개발구는 권한을 모두 중앙이 담당해 중앙기관의 간섭을 배제하지 않고 있다.[72] 나선경제특구처럼 공동위원회가 구성되어 중요한 행정적 결정 권한을 남북한 측이 공유하는 방향으로 제도가 개선될 필요가 있다. 이에 따라 남북한 당국은 2013년 9월 개성공단 재가동과 함께 '개성공단 공단위원회'를 발족했는데, 향후 공동위원회의 권한과 역할을 강화해 실질적인 공동 관리체제를 확립해야 할 것이다.[73]

최근 북한의 핵실험과 장거리미사일 발사로 촉발된 남북한 간 개성공단 전면 중단과 폐쇄의 극단적 조치는 안정적인 국제관계가 없이 지속가능

71 홍양호, 앞의 논문, p. 13.

72 임을출, 앞의 논문, pp. 20~21.

73 이석기·김석진·정근주, 앞의 책, p. 114.

한 경제모델이 가능하지 않음을 여실히 보여 준다. 게다가 개성공단 폐쇄는 남·북·러 협력으로 진척할 가능성이 큰 나진-하산 프로젝트 중단으로 이어질 수밖에 없는 것이 현실이다. 향후 북한이 국제사회의 고립에서 벗어나기 위해 북한 정권의 호전적인 국제관계를 정리한 후에야 국제사회의 대북제재 완화가 이루어지고 개성공단이 재가동되면서 다른 경제특구들도 활성화될 수 있을 것이다. 이와 함께 기존에 제대로 허용되지 않았던 자유로운 3통(통행, 통신, 통관) 문제 해결과 북한의 투자 환경 및 인프라 개선도 가능할 것이다.

하고 있다. 중국, 러시아보다 앞서 일본도 동해에 접해 있는 일부 지방정부들이 '일본해 운동'을 비롯한 항만 개발과 국제항로 개설 등 환동해지역의 경제 발전에 박차를 가하고 있다.

각국의 적극적인 관심과 상황 변화에 따라 환동해지역에서의 교역과 경제협력이 늘어났으며, 환동해지역이 전 세계의 대외교역에서 차지하는 비중 또한 증가했다. 이는 주로 한국과 중국의 급속한 경제성장을 바탕으로 한 대외 교역 증가에서 비롯된 것이다. 환동해지역에서의 경제통상협력 증가속도는 다른 지역보다 빠르다. 최근 20여 년간 전 세계 수출액은 5배 증가했으나, 환동해지역에서는 약 7배가 증가했다.

최근의 환동해지역 교역에서 나타나는 가장 두드러진 특징은 러시아 극동지역이 역내 교역에서 매우 중요한 역할을 한다는 것이다. 러시아 극동지역 교역의 4분의 3이 한국, 중국, 일본 등 동해에 인접한 국가들과 이루어지고 있다. 환동해지역이 러시아 극동지역 수출의 77.6%, 수입의 72.4%를 차지하고 있다. 극동지역은 원유, 가스 등 풍부한 지하자원을 수출하고, 자원개발과 인프라 건설에 필요한 기계, 설비 등을 한국, 일본 등에서 주로 수입하고 있다. 마찬가지로 한국, 중국, 일본 등 환동해지역의 교역에서도 극동지역이 차지하는 비중이 높다. 중국 헤이룽장 성과 내몽골지역, 일본 호쿠리쿠지역의 극동지역과의 교역 비중이 각각 58%, 22%, 21%에 달한다. 특히 사할린의 석유·가스 수출 증가가 환동해지역과의 교역 증가에 크게 기여했다.[1]

사실 제도적 측면에서 보았을 때, 환동해지역에서의 정치·행정적 연계의 역사는 비교적 꽤 오래되었으며, 형식적으로는 매우 강한 네트워크적 특성

1 김효섭, 「환동해 지역의 교역 구조와 특성」, 제4회 환동해 국제 심포지엄 : 환동해 루트, 이동과 연결망, 포항, 2016년 1월 26일.

스 개발 및 국제협력에 초점을 두고 분석할 것이다.[6] 이는 환동해지역에서 천연가스가 석유보다 국제정치적 상황에 민감하여 정책의 유동성이 크기 때문이다.[7] 전 세계에서 거래되는 석유는 대부분 시장에 나온 현물을 대상으로 한 스팟거래spot transaction로 이루어진다. 스팟거래는 에너지자원의 매장과 생산 지역, 구매와 소비 지역이라는 지리적 요인에 비교적 제약을 덜 받는다. 지리적 측면이 대외관계나 국제정치에 영향을 덜 미친다. 석유의 생산과 거래가 천연가스의 생산과 판매보다 지정학의 영향을 덜 받기 때문이다.

사실 환동해지역에서 에너지 관계망의 구축 여부와 그 특성을 분석하고 예측하는 일은 그리 쉽지 않다. 외부적 변화가 내부적 요인보다 더 큰 영향을 미칠 수 있기 때문이다. 특히 2010년대에 들어 본격적으로 진행되고 있는 에너지혁명, 즉 셰일혁명에 따라 기존에 구축된 에너지 국제질서가 변화하고 있으며, 이는 한국, 중국, 일본 등 환동해 국가가 새로운 에너지 국제질서 형성의 주체는 아닐지라도 상당한 영향을 받고 있기 때문이다.[8]

---

6 러시아의 대외정책, 그중에서 중-러 관계 분야의 전문가인 보보 로Bobo Lo는 러시아가 동북아, 환동해지역과의 협력에서 에너지 분야에 초점을 두고 있는 것은 사실 다른 분야의 협력이 제대로 진척되지 않기 때문이라고 지적한다.

7 엄구호는 러시아의 동북아 에너지정책 중에서 석유보다 천연가스에 초점을 맞추어 연구하는 이유로, 천연가스가 석유보다 정책의 실현 가능성이 매우 불확실하다는 점을 지적했다(엄구호, 「러시아의 동북아 가스 정책과 극동·동시베리아 가스의 공급 안정성」, 『슬라브연구』 29(2), 2013, p. 81.)

8 김연규와 블랭크S. Blank는 미국-중동-러시아의 삼각구도로 이루어진 기존의 에너지 국제질서가 새로운 에너지 혁명, 에너지 시장의 변화를 거치면서 중동OPEC과 러시아의 영향력이 약화되고, 대신 강력한 소비 주체인 중국이 힘을 발휘하는 신국제 에너지 질서로 변화하고 있다고 보고 있다(Kim and S. Blank, "US Shale Revolution and Russia : Shifting Geopolitics of Energy in Europe and Asia," *Asia-Europe Journal*, Vo1. 13, No. 1, 2015).

2. 에너지 지정학의 특성

(1) 에너지와 지정학

지정학은 지리환경에서 작동하는 공간과 권력을 향한 전투라고 할 수 있다. 군사 지정학, 외교 지정학, 경제 지정학이 중요한 것처럼 에너지 지정학도 매우 중요한 문제다. 에너지자원을 발굴, 개발하여 소비자들에게 전달하는 과정은 국가와 산업 발전을 위한 필수불가결한 과정이다. 전통적으로 자원과 상품의 생산 및 교역 과정은 지리 연구의 중심 주제 중 하나였다. 캐플런Kaplan은 근대 초기나 현대의 모든 국제질서는 에너지자원에 기반해 있다고 설명한다. 석탄과 증기의 시대가 18~19세기 대영제국의 배경이었다면, 19세기 말부터 21세기 초까지는 석유의 시대이며, 미 제국이 세계를 제패하는 배경이 되었다는 것이다. 21세기에 들어서서 많은 이들이 미국이 쇠퇴하고 있다고 한 그 순간에 다시 한 번 도래한 에너지시대, 즉 셰일가스, 셰일혁명의 시대는 미국을 다시 세계의 선도적인 지정학 권력으로 만들었다.[9]

에너지협력은 에너지자원의 특성상 쉬운 문제가 아니다. 이른바 전략적 재화Strategic Commodity로 일컬어지는 에너지 자원은 경제 논리와 외교안보 논리를 동시에 포함한다. 에너지자원은 상품으로서 수요와 공급에 따라 거래되는 경제적 재화이자, 국가와 사회의 지속적이고 안정적인 발전을 위해 꼭 필요한 재화이기도 하다. 따라서 구매자와 판매자 간의 경쟁과 협상뿐 아니라 국가 간 에너지자원 확보를 위한 쟁탈전 등 에너지 공급과 확보에는 외교안보 논리가 작용한다. 이와 같은 에너지자원의 성격 때문에 에너지 관련국들 사이에서는 자국에 유리한 조건으로 자원을 선점하기 위해 상호 갈

9 Robert D. Kaplan, "The Geopolitics of Energy," *Forbes*, April 4, 2014.

등이 발생하곤 한다.[10]

에너지자원은 경제적 특성과 아울러 정치적 중요성을 지닌 '정치화된 재화politicized commodity'이므로, 에너지자원과 관련된 대외 정치를 이해하려면 각국이 처한 지정학에 대한 고려도 함께 이루어져야 한다. 따라서 에너지자원 외교는 시장원리에서 비롯된 경제적 요인과 지리·정치적 전략과 연관된 안보적 요인을 동시에 고려하고, 또한 두 요인이 상호작용하는 관계를 밝히는 일이 중요하다.[11]

우리는 흔히 에너지 지정학을 언급하면서 석유와 가스 등을 구분하지 않는 경향이 있는데, 일반적으로 석유에 비해 가스가 국제정치적 상황에 더 큰 영향을 받는다. 에너지를 지정학적으로 사용하는 것에는 어느 정도 한계가 존재하는데, 특히 원유가 그러하다. 왜냐하면 원유는 90%가 현물시장에서 거래되므로 생산·공급 지역과 수요·구매 지역 간의 지리적 인접성이 큰 영향을 미치지 않는다. 즉 공급 여부, 판매 여부와 관련된 공급-수요 간의 정치가 작용할 가능성이 그리 크지 않다. 정치적 문제보다 경제적 측면이 더 큰 영향을 미친다. 그러나 가스는 에너지 지정학의 주요 대상이 된다. 현재 가스는 주로 가스관을 통해 공급이 이루어지므로, 가스관 건설에는 경제적 측면뿐 아니라 공급자와 수요자 간의 정치적 관계 그리고 가스관이 지나는 지역의 정치, 안보 문제도 개입되기 때문이다. 아울러, 가스는 해상으로 운송되는 LNG와 육로를 통해 공급되는 PNG 간 가격 차이가 아직까지 꽤 크기 때문이다.

---

10 이기현 · 김장호 · 제성훈, 『남·북·러 가스관과 동북아 에너지협력의 지정학』, 통일연구원, 2013, p. 5.

11 신범식, 「러시아의 에너지 동방정책과 동북아 국가들의 대응」, 서울대학교 국제문제연구소 편, 『세계 정치 : 에너지 국제정치의 변환과 동북아시아』, 사회평론아카데미, 2015, pp. 233~234.

에너지자원이 대두된다. 이는 전형적인 국제 문제이자 한반도 평화 문제와 밀접히 연관되어 있다.[15] 김하영은 에너지자원의 확보를 둘러싸고 환동해지역에서 갈등을 증가시키는 요인들로 에너지의 수요-공급 시장의 특성, 역사와 민족주의 정서, 영토 및 해양 경계 갈등 및 이러한 갈등을 해결하는 메커니즘의 결여 등을 들고 있다.[16]

사실 환동해지역에서 에너지협력 관계망 지도를 구성하는 데 러시아가 맡은 역할은 매우 크다. 러시아는 에너지협력 관계의 공간적 포맷을 결정하는 데 꽤 오랜 시간과 지난한 과정을 겪었다. 이러한 과정은 정부의 독단으로 일방적으로 형성된 것은 아니다. 물론 러시아에서 에너지가 차지하는 위상을 고려했을 때, 에너지협력 관계망의 기초와 큰 그림은 정부가 그렸다고 할 수 있다. 그러나 그 과정에서 민간의 에너지산업 부문도 일정 정도 영향을 미쳤는데, 이는 에너지산업이 러시아 정부에게는 대외 정책을 시행하는 주요한 수단이었지만, 민간에서는 이러한 정치적 성격뿐만 아니라 경제적 이득이라는 측면도 꽤 작용했기 때문이다.[17]

유럽지역에 비해 원유가스 수송관이 제대로 건설되어 있지 않은 환동해

15 김연규, 「셰일혁명과 신국제 에너지 질서」, 서울대학교 국제문제연구소 편, 『에너지 국제정치의 변환과 동북아시아』, 사회평론아카데미, 2015, pp. 61~62.

16 김하영, 「에너지자원과 환동해지역의 갈등」, 『도서문화』 41, 2013, pp. 37~68.

17 러시아는 2000년대 초 아태지역과의 관계 설정에 대해 민간과 정부의 비전이 경쟁관계였으며, 이러한 경쟁의 핵심 내용이 석유가스 수송관 문제였다고 논했다. 민간은 앙가르스크-다칭 파이프라인을 중심으로 한 중국 측과 서시베리아-무르만스크 파이프라인 중심의 미국 측을 러시아와 아태지역 에너지협력 골격으로 제시했다. 정부는 중국 카드, 중국과 일부 동북아 국가, 동북아 연결망 등 세 가지 안을 제시했지만, 정부안이 명확히 결정되지는 않았다. 이처럼 러시아가 오랫동안 모호한 입장을 취하는 동안 동북아 국가들은 러시아와 개별적으로 접촉하는 '러시아 에너지 쟁탈전'에 들어갔고, 러시아는 분명한 입장을 보이지 않았으며 동북아 국가들의 경쟁만 유도했다(E. Shadrina, "Energy cooperation in Northeast Asia," *JILA Fellowship Occasional Paper 27*, Tokyo : The Japan Institute of International Affairs, 2004 ; 엄구호, 앞의 논문, p. 85 재인용).

지역에서 에너지 지정학은 천연가스에서 보다 확연히 드러난다. 그러나 환동해지역에서 유일한 에너지 공급국인 러시아 경제 자체에서는 석유가 가스보다 중요한 것이 사실이다. 2012년을 기준으로 할 때, 러시아 국가재정에서 석유가 차지하는 비중은 36%에 달하나 가스는 5%가 채 되지 않는다. 물론 장기적인 성장 잠재력의 측면에서 보았을 때는 앞으로 가스가 더 유망하다. 러시아에서 가스와 석유의 가장 큰 차이점은 가스는 국내정치뿐만 아니라 국제정치의 수단으로도 사용된다는 것이다.

가스는 러시아가 글로벌 교역에 결합하는 주요 도구 중 하나인데, 특히 유럽연합과의 경제관계에서 천연가스의 중요성은 매우 크다. 러시아가 가스를 대외 정치의 핵심 수단으로 사용하는 것은 유럽뿐만 아니라 중앙아시아 등 인근 지역에 천연가스를 공급하는 정책적 차이에서 보다 명확하게 드러난다. 유럽연합과는 큰 틀에서 보자면 경제적 관점에서 판매-공급 계약이 이루어지나, 구 소련 연방지역과는 경제적 차원에서의 거래관계보다 러시아가 전략적으로 추진하는 구 소비에트 공간 통합의 수단으로 사용된다는 것이다. 현재 러시아에서 운영되는 에너지 수송관의 기본 골격이 구 소련 시절에 형성되었기에 러시아는 가스 생산 판매국인 중앙아시아와 아제르바이잔에서 비싸게 사서 친러시아 국가인 벨라루스에는 싸게 팔고 있다. 반면에 우크라이나와 발트 국가에는 판매 가격 인상 등을 통한 지정학적 무기로 사용하고 있다.

이러한 맥락에서 미트로바Mitrova T.는 이명박 정부 시절 적극적으로 추진했다 박근혜 정부에 들어서 사실상 폐기된 남-북-러 가스관 연결 사업을 경제적 의미가 결여된 순수한 지정학적 기획이라고 본다.[18] 경제적 측면에서

18 Tatiana Mitrova, "The Political and Economic Importance of Gas in Russia," James Henderson and Simon Pirani (eds.), *The Russian Gas Matrix : How Markets are Driving*

실제로 가스관을 건설하기 위한 노력이라기보다, 가스관이 건설되면 좋지만 되지 않더라도 가스관 연결이라는 기제를 통해 한반도나 동북아 문제에 개입하고, 양국관계 및 국제관계를 조절하는 수단으로 활용하고자 했다는 것이다. 그리하여 남-북-러 가스관 연결을 위한 법적 구속력은 없는 다양한 문서와 선언 등이 행해졌지만, 투자 단계는 고사하고 구체적인 실행 단계에 접어들지도 않았다고 보고 있다. '투르크메니스탄-아프가니스탄-파키스탄-인도'로 이어지는 가스관TAPI 건설 계획과 마찬가지로, 러시아가 미국과의 경쟁에서 자신들의 능력과 열망을 보여 주기 위한 단순한 기제, 국제 문제를 해결하고 협상하는 과정에서 러시아의 권위를 강화하기 위한 도구로 사용했다는 것이다.

3. 환동해지역 에너지협력의 특징

(1) 세계 최대 에너지 소비 시장

환동해지역은 세계 최대의 에너지 소비 시장이자 수입 지역이다. 중국이 세계 제1위의 에너지 소비 대국이며, 일본과 한국이 각각 3위와 8위를 차지한다. 석유 수입은 중국, 일본, 한국이 각각 세계 2위, 3위, 5위이며, LNG 수입은 일본이 세계 1위, 한국과 중국은 각각 2위, 5위를 차지하고 있다. 반면에 러시아는 세계 1위의 원유 생산국이자 2위의 원유 수출국이며, 확인 매장량 43조 3,000억m^3로 세계 최대의 천연가스 매장국이다.[19] 환동해지역에 속하

Change, Oxford : Oxford University Press for the Oxford Institute for Energy Studies, 2014, pp. 6~38.

19 임상범, 앞의 책, p. 49.

표 1 2011년 동북아 3국 에너지 소비 현황

	1차 에너지원 (100만 TOE)	석유 (천 b/d)	천연가스 (10억 m^3)
중국	2,641.8 (세계 2위)	10,121 (세계 2위)	133.8 (세계 4위)
일본	477.6 (세계 5위)	4,418 (세계 3위)	105.5 (세계 5위)
한국	263.0 (세계 9위)	2,397 (세계 8위)	46.6 (세계 18위)
합계	3,382.5 (전 세계 비중 27.6%)	16,936 (19.2%)	285.9 (8.9%)

* BP(2012) ; 임상범(2015, 48 재인용)

는 러시아의 극동과 동시베리아 지역의 가스 매장량은 약 5조 m^3이며, 최대 65조 m^3까지 추정하기도 한다.

중국은 2011년 미국을 제치고 세계 최대 석유 소비국이 되었다. 2011년 전 세계의 에너지 소비에서 차지하는 비중이 21.3%였으나, 2020년에는 그 비중이 35%를 웃돌 전망이다. 중국의 에너지원에서 석탄이 차지하는 비중이 약 70% 정도로 압도적으로 높은데, 미국, 일본을 비롯한 선진국뿐 아니라 인도, 러시아 등 BRICS 국가들에 비해서도 높다.[20] 그에 비해 천연가스 비중은 약 3%에 지나지 않는다. 중국은 날로 심각해지는 환경문제에 대처하고자 심각한 오염원인 석탄 사용을 줄이고 청정에너지 개발과 함께 천연가스 비중을 높일 예정이지만, 그럼에도 불구하고 천연가스의 비중은 2020년에 약 8~10% 정도밖에 되지 않을 전망이다. 비록 중국 에너지원 중에서

20 이태환, 「중국의 에너지 전략과 국제정치」, 서울대학교 국제문제연구소 편, 『에너지 국제정치의 변환과 동북아시아』, 사회평론아카데미, 2015, pp. 175~177.

천연가스의 비중이 극히 미미하다고 하여 환동해 에너지 지정학에서 중국의 위상을 무시할 수는 없다. 그만큼 수입하는 양이 절대적으로 많기 때문이다. 2011년 기준으로 중국은 원유의 61.1%, 천연가스의 31.6%를 해외에서 수입하고 있다.

(2) 환동해 에너지협력의 이중성

환동해지역 에너지협력의 특징은 한마디로 '협력의 이중성'이라고 할 수 있다. 에너지 최대 소비 지역과 최대 공급 국가가 지리적으로 인접해 있어 협력의 잠재력이 매우 높지만, 다른 측면에서는 러시아가 역내 유일한 수출국이라 '공급 독점과 경쟁적 수요 과점'의 구조를 띠고 있다. 이러한 구조적 특성으로 인해 유한한 에너지자원을 차지하기 위해 동북아 국가들은 협력보다는 경쟁을 할 수밖에 없는 구조[21]다. 그러나 이러한 구조적 인식은 원론적인 차원에서는 맞는 말이지만, 구체적 현실에서는 정치 경제적 상황에 따라 달리 나타날 수 있다. 2000년대처럼 에너지 시장에서 공급국이 우위를 점하는 상황에서는 '공급 독점과 경쟁적 수요 과점' 현상이 나타날 수 있지만, 최근 에너지 소비국의 영향력이 증가하는 상황에서는 달리 나타날 수도 있다. 공급자 주도의 에너지 시장과 수요자가 주도하는 시장에서 상품인 에너지 거래 양상이 달리 나타나는 것은 어찌 보면 당연한 현상이라 할 수 있다.

그동안 한·중·일 3국은 환동해지역의 유일한 에너지 공급자인 러시아를 상대로 협력관계보다 경쟁관계를 형성해 왔다. 한국, 중국, 일본은 각국

21 에이미 제이프는 동북아 에너지협력은 협력적 조건과 상호 경쟁, 갈등이 동시에 나타날 수 있는 양면적 특성을 지녔다고 분석했다(Amy Jaffe, "The Potential of Energy as a Geopolitical Binding Factor in Asia," *Post-Soviet Geography and Economics*, Vol. 42, No. 7, Oct/Nov, 2001, pp. 491~503).

의 에너지 안보를 확보하기 위해 경쟁적으로 러시아와의 양자관계에 매달려 왔다. 이러한 '러시아 편향적 양자 협력구조pro-Russian bilateral cooperation structure'로 러시아는 자국의 에너지 판매 수입과 에너지 수입국들에 대한 영향력을 일정 정도 높일 수 있었다.[22]

(3) 지역 차원의 에너지 네트워크 미형성

아직까지 환동해지역에서는 에너지 수요와 공급의 결합이 유기적으로 형성되어 있지 않다. 단적으로 에너지 공급 지역인 러시아 극동·시베리아지역의 에너지 수송망은 2012년 말에 건설된 동시베리아송유관ESPO, Eastern Siberia-Pacific Ocean oil pipeline과 사할린-하바롭스크-블라디보스토크를 연결하는 가스관밖에 없다. 유럽과 CIS 지역에 비해 석유가스 수송관 인프라가 상당히 미약한 수준이다. 2016년 현재 러시아와 환동해 3국을 연결하는 에너지 네트워크는 ESPO와 송전망밖에 없다. 가스관도 아직 건설되어 있지 않다.

환동해 에너지 시장이 유기적으로 결합돼 있지 않은 상황은 에너지 공급자인 러시아의 위상으로도 드러난다. 러시아는 환동해 에너지 시장의 중심적 공급자가 아니라 부차적인 역할을 수행하고 있다. 러시아 원유의 가장 큰 구매자인 중국도 최근 ESPO 건설로 구입량이 늘어났지만, 여전히 중국 원유 수입의 7%(2011년)에 지나지 않는다.[23] 러시아가 중국 에너지 시장 점유율이 가장 높았던 때는 러시아의 이른바 '신동방정책' 시행 이전인 2006년에 11%로 중국석유천연가스집단CNPC-로즈네프트Rosneft 간 장기 공급 계약이 체결되었을 때이다. 보보 로Bobo Lo는 환동해지역에서 에너지 공급국

22 임상범, 앞의 책, pp. 61~62.

23 P. Salin, "Russia' s Three Roads to Asia," *Russia in Global Affairs*, December 27, 2012.

른다.[28] 동쪽벡터를 중시하는 경향은 2014년 1월 25일 러시아 에너지부가 '에너지 전략 2030'을 수정하여 발표한 '에너지 전략 2035'에서도 그대로 이어지고 있다. 에너지자원 수출에서 아태지역 비중을 28%까지 확대하기로 하고, 석유-석유화학 제품 비중을 12%에서 23%로 증대한다는 목표를 세웠다.[29] 이를 위해 동시베리아와 극동지역에서 충분한 가스 공급량을 확보할 필요가 있다는 것과 아태지역 국가와의 공급 계약 체결에 박차를 가한다는 것이 그 골자다.[30] '에너지 전략 2030'에 이어 '에너지 전략 2035'에서도 아시아 시장의 중요성을 재차 강조했다. 이는 유럽과 CIS 시장이 러시아에 여전히 중요하지만, 2015년 이후 유럽과 CIS 시장으로의 수출은 감소할 것이라는 판단에서였다.

러시아를 연구하는 대부분의 전문가들은 러시아가 에너지 전략에서 과거에 비해 동쪽벡터를 더욱 강조하고 있다는 것에 공통의 인식을 지니고 있지만, 그 뉘앙스와 방점에서는 조금씩 차이를 보이고 있다. 앤드루 커친스 A. Kuchins는 러시아 정부가 동부지역, 즉 극동-동시베리아지역의 에너지 개발에 적극 나선 이유를 다음과 같이 든다. 첫째, 러시아 에너지산업의 중추지역이었던 서시베리아지역의 석유가스 생산량이 감소하기 시작했기 때문이며, 둘째는 낙후된 극동지역을 개발하고, 셋째는 중국(인)의 극동 진출과 잠

---

28 Stochi Itoh, *Russia Looks East : Energy Market and Geopolitics in Northeast Asia*, CSIS, July, 2011; 엄구호, 앞의 논문, p. 83 재인용.

29 천연가스 수출의 76%, 원유 수출의 79%가 유럽으로 향하는 상황에서 러시아 정부는 에너지수출 다변화를 추진하고, 동북아 시장 참여를 에너지 전략의 주요 목표 중 하나로 삼았다. 유럽이 에너지자원의 탈러시아화를 추진하는 것에 대비하여 러시아는 아시아지역으로의 수출 증대를 계획한 것이다(김연규, 「글로벌 셰일혁명과 동아시아 에너지 시장/지정학 변화」, 『세계 정치』 21, 2014, p. 123).

30 이성규 · 윤익중, 앞의 논문, p. 168.

식에 대한 우려 때문이라고 언급하면서, 그중 가장 중요한 원인으로 서시베리아지역의 에너지 매장량 감소를 들고 있다.[31] 2007년부터 서시베리아의 기존 개발지에서 석유가스 매장량이 감소하기 시작하여 에너지자원 고갈률은 약 60~75%에 이르렀다.[32] 이러한 상황에서 기존의 생산량을 유지하기 위해서는 새로운 광구 개발이 필요했기에 극동-동시베리아지역이 새로운 에너지 전략에서 더욱 중요하게 되었다는 것이다. 러시아의 에너지 전략은 신규 석유 개발이 기존 생산량의 약 50% 정도가 될 것이며, 2030년에는 동시베리아와 러시아 극동지역 생산량이 러시아의 유럽지역을 초과할 것으로 보고 있다.

물론 러시아가 동부지역의 에너지자원을 본격적으로 개발하는 배경과 목적에 대한 다양한 견해가 있다. 에너지자원을 대외 전략의 수단으로 인식하여 세계적인 정치, 경제의 중심으로 떠오르고 있는 동북아지역에 정치적으로 개입하기 위함인지, 아니면 러시아 경제의 핵심 기반인 에너지산업이 기존 지역에서 한계에 다다랐기에 새로운 지역을 개발하기 위함인지에 관계없이 극동시베리아지역에서 에너지자원을 신규 개발하고 이를 한국을 비롯한 환동해지역에 적극적으로 판매할 계획이라는 것에 대해서는 이론의 여지가 없다.

(2) 중점 협력국으로서의 중국

중국과 러시아는 중동 문제를 비롯해 국제사회에서의 협력 등 우호적인 관계를 형성하고 있다. 최근 경제통상협력도 급속히 증가하고 있음에도 불구하고, 양국 간 에너지협력에 대한 관점이 서로 다르다. 중국은 러시아와의

---

31 Andrew C. Kuchins, 앞의 논문, p. 2.

32 Adam N. Stulberg, "Russia' s Energy Security Dilemmas in Northeast Asia," *PONARS Eurasia Policy Memo*, No. 170, 2011, p. 2.

에너지협력을 철저히 경제적 관점에서 접근하고 있으며, 러시아는 최근 국제정치 무대에서 중국과의 협력을 환동해지역에서의 에너지협력 분야로도 확장하길 기대하고 있다.

환동해지역의 유일한 에너지 공급국인 러시아가 중점을 두는 국가는 바로 중국이다. 앞서 언급한 바와 같이, 최근 중국은 미국을 제치고 세계 제일의 에너지 수입국이 되었다. 중국과 러시아의 에너지자원 협력은 2009년 러시아의 스코보로디노에서 헤이룽장 성 다칭으로 ESPO 지선이 연결되면서 석유 분야 협력이 본격적으로 시작되었다. 가스 분야 협력은 거의 10여 년 동안 지루하게 진척 없이 논의만 무성하다 지난 2014년 5월 21일 푸틴 대통령의 중국 방문을 계기로 첫 결실을 맺었다. 러시아와 중국은 오랫동안 끌어오던 가스관('시베리아의 힘') 건설 문제에 합의를 했다. 구체적인 상업적 계약 내용은 알려지지 않았지만, 러시아는 2018년부터 연 380m^{3}의 천연가스를 30년간 총 4,000억 달러에 공급하기로 계약했다. 정확한 공급가는 알려지지 않았지만, 가스 가격은 유가와 연계하고 의무인수계약take-or-pay 조건으로 공급하기로 했다. 언론에 따르면, 러시아 측은 유럽에 공급하는 가격(평균가 370~380달러)을 주장했으나 유가 하락에 따른 러시아 경제 침체, 우크라이나 사태에 따른 고립 위기 등 대내외적 조건으로 인해 350달러/1,000m^3(9.38~9.80달러/MMBtu)에 계약한 것으로 알려지고 있다. 이것은 러시아가 원했던 가격보다 낮고 중국의 요구보다는 다소 높은 가격이다.[33]

그동안 중국과 러시아 간 가스관 건설을 둘러싸고 주로 가스 공급 가격에 관한 이견들이 많이 언급되었지만, 이면에는 가스관 노선에 관한 문제가 밑바탕에 깔려 있었다. 중국은 러시아와 우크라이나, 벨라루스 간에 일어난 몇 차례에 걸친 가스 분쟁 사례를 통해 양국관계가 악화되었을 때 가스관이 상대국을 견제하는 무기로 사용되어 왔음을 여러 차례 목도했기에 가스관 건설 노선에 대해 상당한 관심을 갖고 있다. 중국은 지정학적 측면에서 비교적 자유로운 동부 노선, 즉 '시베리아의 힘'을 선호한 반면에 러시아는 서시베리아에서 유럽으로 연결되는 기존의 가스 공급 루트와 통합되는 '알타이 노선'을 매우 선호했다. 물론 '시베리아의 힘'은 2014년 정식 공급 계약이 체결되었고, 러시아의 서시베리아에서 신장-위구르를 거쳐 상하이로 연결되는 '알타이 노선'은 아직까지 법적 구속력이 없는 차원의 합의 정도에 지나지 않는다.

중국은 에너지 수입원의 다변화, 그중에서도 영토 분쟁과 군사적 긴장이 고조되고 있는 말라카 해협, 동중국해와 남중국해를 거치지 않고 직접 육로로 에너지자원을 수입할 수 있는 가스 노선에 매우 큰 관심을 보이고 있다. 그러나 러시아 측이 주장하는 알타이 가스관의 노선은 중국만을 위한 가스관이 아니라 러시아의 기존 가스관을 통해 유럽으로도 가스를 공급할 수 있다. 따라서 중국은 가스 판매에 관한 러시아 측의 선택 변수 증가로 향후 공급-판매 가격을 둘러싼 중국과 러시아 간 협상에서 우위를 점하지 못할 수 있다고 우려하고 있다. 중국은 알타이 노선이 가스 공급을 둘러싼 중-러 간 지전략geo-strategy의 대상이 되지 않기를 바라고 있다.

5. 환동해지역 간 에너지협력의 유동성 증가

(1) 국제 에너지 시장의 패러다임 변화

석유, 가스 등 에너지의 구입과 판매는 다른 상품의 거래와는 다른 측면이

---

33 Michael Bradshaw, "The pieces in Russia' s eastern gas puzzle start to fall into place," *Forum*, Issue 97, The Oxford Institute for Energy Studies, August, 2014, pp. 15~16.

있다. 특히 파이프라인을 통해 공급되는 천연가스의 경우는 대부분 장기적인 계약을 체결하고, 가스관 건설이라는 막대한 자금을 투자해 진행된다.

환동해지역 간 협력과 에너지 관계망 구축에 영향을 미칠 변수는 그간 러시아와의 에너지협력을 매우 적극적으로 추진했던 한국과 일본이 소극적인 자세로 돌아섰다는 점이다. 그동안 한국과 일본은 에너지 안보 구현을 국가적 차원에서 매우 적극적으로 추진해 왔는데, 국제 에너지 시장의 변화는 에너지 공급원에 대한 한국과 일본의 태도 변화에 영향을 미쳤다. 국제 에너지 시장이 공급자 우위에서 소비자 우위로 바뀌었기 때문에, 한국과 일본은 이전에 비해 에너지 수입원의 다변화를 추진하는 데 비교적 수월해졌다.

또한 양국은 에너지 안보 측면에서 다양한 국가와 지역에서 에너지를 확보해 왔는데, 국내 소비량보다 많은 천연가스 수입 계약으로 조만간 천연가스가 남아도는 상황이 발생할 수도 있다. 한국은 2017년 이후 발전용 천연가스의 과잉 수입이 우려되고,[34] 일본은 2011년 동일본대지진 이후 일본 기업이 체결했거나 협의 중인 계약 물량이 2018년의 수요보다 많을 수 있다는 분석이 제기되고 있다.[35] 중국을 제외하고 아시아-태평양지역 대부분의 국가에서 수요량보다 많은 천연가스를 수입하여 잉여가 발생하는 기이한 현상이 나타날 수 있으며, 이렇게 남아도는 물량을 어떻게 처리할 것인지가 새로운 문제로 제기될 수 있다.[36] 지난 이명박 정부의 중점 사업 중 하나였던 남-북-러 가스관 연결 사업이 2013년 박근혜 정부에 들어서서 사실상 폐기된 근

---

34 이성규, 「세계 셰일가스 개발 동향과 우리나라에 미치는 영향」, 『석유』 90, 2014, p. 71.

35 이재승, 「북미 셰일혁명과 동북아시아의 대응—에너지협력 가능성 모색」, 서울대학교 국제문제연구소 편, 『세계 정치 : 에너지 국제정치의 변환과 동북아시아』, 사회평론아카데미, 2015, pp. 154~155.

36 지식경제부, 「셰일가스 개발·도입 및 활용 전략」(보도자료), 2012년 9월 6일.

상황이다. 게다가 최근 북미지역의 셰일가스 개발과 수출 계획 및 러시아의 공급 능력에 대한 신뢰 부족 등으로 장기 계약을 맺지 못하는 딜레마에 빠지게 되었다.[39]

6. 맺음말

최근 들어 세계 최대의 에너지 소비 시장이자 세계 최대의 에너지 공급 국가가 인접한 환동해지역에서 에너지협력이 본격화되고 있다. 에너지협력은 기본적으로 경제적 관점에서 진행되지만, 그렇다고 국제정치적 측면을 무시할 수는 없다. 특히 에너지가 신지정학의 상징처럼 된 21세기에는 더욱 그러하다.

환동해지역은 에너지 분야에서의 협력 잠재력이 매우 높다. 달리 말하면, 환동해 에너지 네트워크의 구축 가능성이 매우 높아 경제통상 분야뿐 아니라 정치, 사회, 문화 등 다방면에서 협력 관계가 더욱 발전할 것이라는 기대감을 심어 준다. 그러나 환동해지역의 에너지협력은 지리적 인접성에도 불구하고, 러시아의 독점적 공급 지위와 한국, 일본, 중국의 러시아 에너지자원을 둘러싼 경쟁적 수요로 인해 협력의 이중성을 지닌다. 에너지자원의 개발, 구매와 판매 확대의 잠재력은 매우 높으나, 경쟁과 견제 속에 실질적 협력 사업이나 교역이 진척되지 않을 수도 있다. 이러한 '협력의 이중성'은 동북아 환동해지역에서 나타나는 군사 안보적 긴장과 국제 정세에도 영향을 받기 때문에, 경제적 협력 필요성에 따른 무수한 논의에도 불구하고 구체적으로 진행되는 사업은 없는 유명무실한 상황이 나타날 수도 있다.

---

39 엄구호, 앞의 논문, p. 96.

이러한 구조와 환동해 국가들 간의 역사적 이질성, 정치적 경쟁 등으로 인해 에너지협력은 경제 외적인 요인에 의해 지체되고 왜곡될 수도 있다. 그 동안 환동해 국가들의 에너지협력은 공급국인 러시아를 중심으로 수요국 사이에 양자관계를 통해 진행되어 왔으며, 한-중-일 3국은 유일한 에너지 공급국인 러시아를 상대로 협력관계보다 경쟁관계를 형성해 왔다. 이에 따라, 환동해 차원의 전반적인 에너지 네트워크 구축에 대한 논의가 거의 진행되지 않았다.

러시아의 동부지역 에너지 개발 계획은 순조롭게만 진행될 것 같지 않다. 물론 이에 대한 연구가 본격적으로 진행되어야 할 것이나 '시베리아의 힘'으로 대표되는 중-러 간 가스협력, 일본 기업과 협의 중인 블라디보스토크 LNG 기지화, 사할린에서 진행되고 있는 가스 개발 등이 러시아 개발 기업(가스프롬, 로스네프트 등)의 재정난과 극동에서 생산되는 가스의 가격 경쟁력이 높지 않아 러시아 정부의 로드맵처럼 순조롭게 진행될지는 아직 미지수라고 할 수 있다. 상황이 이렇듯 순조롭게 진행되지 않는다면 환동해지역의 에너지협력, 환동해 에너지 네트워크 구축 및 환동해지역의 관계망 발전은 더디 진행될 수밖에 없다.

아울러, 환동해지역의 에너지 네트워크 구축 여부에 영향을 미치는 요인은 러시아의 동부지역 에너지자원 개발의 핵심적 목표와도 연관되어 있다. 러시아의 '에너지 전략'은 동북아 환동해지역에서 러시아의 영향력을 높이기 위한 지정학적 전략 차원에서 진행된다기보다 쇠퇴하는 기존의 에너지 지역을 대체하는 신규 에너지 지역을 개발하기 위함이고, 러시아의 대표적인 낙후 지역인 극동시베리아지역과 세계 경제의 중심으로 부상하고 있는 동북아 환동해지역과의 결합력을 높이기 위한 경제적 목적이 더 크다고 할 수 있다. 즉 러시아 동부지역의 에너지 개발과 환동해지역과의 협력이 대외 전략적 차원보다 경제적 차원에서 진행되기 때문에, 한·중·일도 마찬가지로 경제적 차원의 득실을 고려하여 러시아와의 에너지협력을 진행할 것이다. 따라서 환동해지역의 견고한 에너지 네트워크 구축 여부는 전 세계적인 에너지 가격 변화, 에너지 시장의 여건 변화와 밀접히 연관되어 있다.

셰일혁명으로 에너지 수요와 공급에서 기존 생산자 위주의 지정학적 국제관계가 소비국 중심의 국제관계로 점차 변화하고 있다. 또한 에너지 거래에서 국가관계 등 정치적 변수의 영향력이 점차 감소하고, 가격 기반의 시장 중심적 관계가 이전에 비해 더 큰 비중을 차지하게 될 것이다. 이에 따라, 환동해지역의 에너지협력 분야에서 러시아의 영향력이 점차 약화되고 있다. 만약 2014년 초에 비해 약 3분의 1 수준으로 떨어진 유가가 당분간 지속된다면, 러시아는 환동해 에너지협력에서 2000년대 중반과 같은 지위를 누리기 힘들 것이다. 아울러, 한국과 일본 등은 전통적 우방이자 셰일혁명의 발원지인 미국 등과의 에너지협력 강화로 에너지 수입원의 다변화를 추구하기가 이전보다 한층 수월해질 것이다. 이는 환동해지역에서 에너지 관계망의 구축이 2000년대 말에 기대했던 것보다 더 늦게 그리고 더 약화된 형태로 나타날 수도 있다. 그러나 최근 몇 십 년간 석유가스 등 에너지 가격과 에너지 시장이 급변해 왔던 것을 잘 알기에, 환동해 에너지 네트워크의 구축 강도와 속도를 예단하는 것은 매우 어리석은 일인지도 모른다.

제8장

동북아 환경협력의 현황과 과제

추장민

1. 서언

동북아지역은 대기오염과 황사, 해양 쓰레기 등 해양 환경오염, 토양과 산림 황폐화 등 전통적인 환경문제에 직면해 있다. 최근에는 재난성 고농도 대기오염, 산업(환경)사고, 원자력발전소의 높은 집중률과 노후화 등 환경 재난의 위험요소가 증대되고 있다. 또한 동북아지역은 온실가스 감축과 기후변화 적응 등 기후변화 문제에서도 해결해야 할 과제를 안고 있다.

역내 환경문제에 대응하여 동북아지역에서는 1990년대 중반부터 지난 20여 년 동안 다양한 양자협력과 다자협력을 전개해 왔다. 양자협력은 한·중, 한·일, 중·일 환경협력이 대표적이며, 다자협력은 한·중·일 환경장관회의TEMM, 동북아환경협력계획NEASPEC 등 역내 환경문제를 포괄적으로 다루는 협력체와 특정 환경 이슈에 대응하는 분야별 협력체로서 구분된다. 대표적으로 대기 분야는 한·중·일 대기오염 정책 대화, 동북아 장거리이동 대기오염물질 공동조사사업LTP, 동아시아 산성비 모니터링 네트워크EANET 등이 있다. 해양 분야는 북서태평양보전실천계획NOWPAP을 들 수 있다.

동북아 환경협력은 TEMM의 분야별 협력을 주도하고 지원하는 역할의 확대, 역내 국가 간 상호 이해와 인식의 심화, 대기오염과 황사에 대응한 측정

데이터 정보공유시스템 구축, 환경재난 대응 협력사업 추진, 환경산업 협력확대 등에서 성과를 거두고 있다. 동북아 환경협력의 한계로는 한·중·일 3국 위주의 협력, 오염 물질 감축을 주요 목적으로 하는 협력체 부재, 한·중·일 3국의 주도권 경쟁 등을 들 수 있다.

이 글에서는 TEMM의 제1차 「한·중·일 3국 환경협력 공동실행계획(2010~2014)」의 이행 현황과 제2차 「한·중·일 3국 환경협력 공동실행계획(2015~2019)」의 주요 내용을 중심으로 동북아 환경협력의 현황을 분석하고 향후 과제를 제시하고자 한다.[1]

2. 동북아지역의 주요 환경 이슈[2]

(1) 중국의 대기오염과 대기오염 물질의 국가 간 이동 및 영향

중국은 석탄을 비롯하여 화석연료 위주의 에너지 소비구조를 갖고 있다. 이

1 제1차 「한·중·일 환경협력 공동실행계획(2010~2014)」의 영문명은 "Tripartite Joint Action Plan on Environment Cooperation" 으로 당초 실행계획의 차수를 표시하지 않고 있다[TEMM, "Tripartite Joint Action Plan on Environment Cooperation," http://www.temm.org/sub05/view.jsp?id=18&page=1&search=&searchstring=(2016년 2월 20일 검색)]. 하지만 제2차 「한·중·일 환경협력 공동실행계획(2015-2019)」의 제1장 도입 부분에서 이를 제1차로 기술하고 있다. 따라서 이 글에서도 이를 원용하여 제1차 「TEMM 환경협력 공동실행계획(2010~2014)」으로 명명하여 서술하고자 한다. 또한 제2차 「한·중·일 환경협력 공동실행계획(2015~2019)」에서도 실행계획의 명칭에는 차수를 표시하지 않고 있으나, 제1차와 마찬가지로 제1장 도입 부분에서 이를 제2차로 기술하고 있는 것에 근거하여 제2차로 명명하고자 한다(환경부, 「한·중·일 환경협력 공동실행계획(2015~2019)」, 2015. 4, pp. 1~2).

2 환동해지역의 환경 이슈는 본질적으로 동북아시아체제와 분리될 수 없다. 환동해 환경 이슈는 동북아시아 시각 속에서 유추가 가능하다. 때문에 이 글에서는 특별히 환동해지역을 명시하지 않았다.

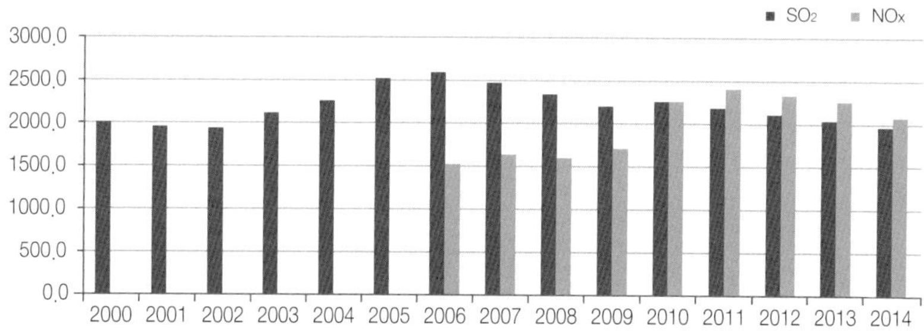

* 중국환경보호부(「全国环境统计公报」, 연도별)

그림 1 중국 SO_2와 NO_X 배출량 추이

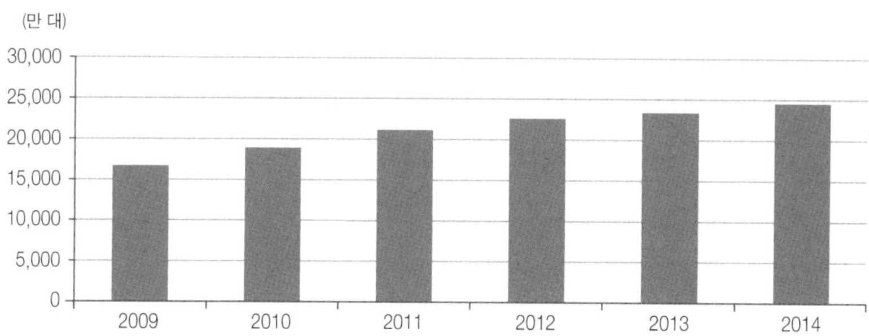

* 중국환경보호부(「中国机动车污染防治年报」, 연도별)

그림 2 중국 자동차 보유량 추이

러한 화석연료의 연소 과정 등에서 대량의 대기오염 물질이 배출되고 있다. 중국 환경보호부에서 매년 발표하는 「전국환경통계공보全国环境统计公报」에 따르면 2000년 이후 아황산가스SO_2, 질소산화물NO_X의 배출량은 전체적으로 '감소 → 증가 → 감소 → 증가'의 불규칙하고 불안정한 추세를 보이고 있다. 그림 1과 같이 2014년의 SO_2 배출량은 1,974만 톤에 달했는데, 이는 2010년 대비 12.9% 감축된 것으로서 중국 정부가 「제12차 5년 환경보호계획(2011~2015)」에서 설정한 8% 저감 계획을 초과 달성한 수치이다. 하지만 이 수치를

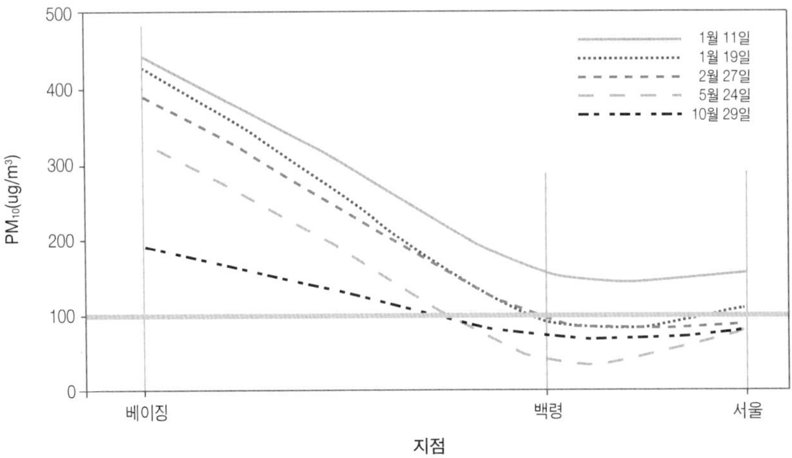

* 환경부(2013, 1)

그림 3 중국 베이징 고농도 미세먼지 사례별 국내 농도 수준

2000년의 배출량에 대비하면 1.03% 감축한 것으로, 사실상 감축되지 않은 것으로 평가된다. 한편 그림 1에 따르면, 2010년부터 NO_X 배출량이 SO_2 배출량을 초과하여 중국의 주요 대기오염 물질 배출량 구조의 변화를 확인할 수 있다. 이러한 NO_X의 급격한 증가는 중국의 자동차 보유량의 급격한 증가와 관련된 것으로 추정되는데, 중국환경보호부가 2013년에 발표한 「2012년 전국동력엔진차량오염개선연보2012年中国机动车污染防治年报」에 따르면 자동차를 포함한 동력엔진차량에서 배출된 NO_X 배출량이 637만 5,000톤에 달한 것으로 나타났다.

중국에서 배출된 다량의 대기오염 물질은 국경을 넘어 장거리를 이동하여 국가 간 영향을 미치고 지역 차원의 환경문제를 초래한다. 중국을 포함한 국외로부터 우리나라의 고농도 $PM_{2.5}$ 오염에 미치는 기여도는 약 30~50%에 달하는 것으로 추정되는데, 실제로 2013년 1월 중국 베이징과 서울의 $PM_{2.5}$ 최고 농도는 각각 993$\mu g/m^3$와 171$\mu g/m^3$에 달했다.[3]

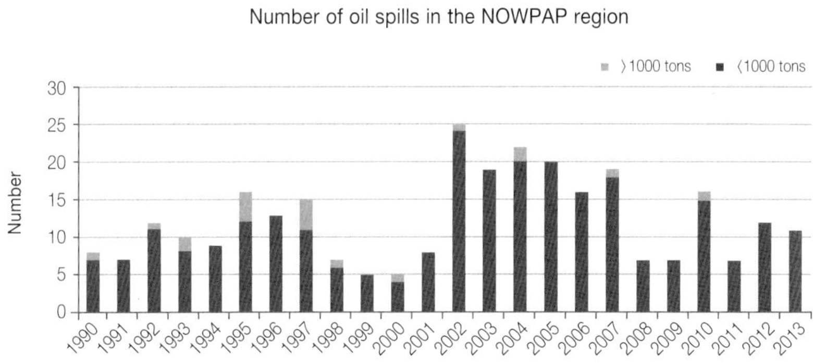

* NOWPAP MERRAC(2014)

그림 4 북서태평양 해역 유류 유출사고 횟수(1990~2013)

(2) 해양환경 이슈

한국, 중국, 일본 3국은 세계에서 경제활동이 가장 활발한 지역 가운데 하나로서 산업 지대가 각국의 연해지역에 분포되어 있다. 황해와 동해 등 반폐쇄성 해역으로 구성되어 있는 동북아 해역은 육상과 해상의 경제활동 과정에서 배출되는 오염 물질의 유입으로 해양오염을 초래하고 해양생태계에 부정적인 영향을 미치고 있다. 특히 해양 쓰레기는 해류를 따라 이동하여 국가 간 상호 영향을 미치면서 지역 차원의 환경 이슈로 다루어지고 있다. 한국의 경우 전라남도에서 발생한 해양 쓰레기의 5% 정도가 중국 등 국외에서 발생하여 해류를 따라 유입되는 것으로 파악되고 있으며,[4] 일본 쓰시마 섬의 해양쓰레기 일부가 한국 등 국외에서 유입된 것으로 알려지고 있다. 뿐만 아니라

3 환경부, 「최근 고농도 미세먼지 발생 현황 및 대응 방향」, 2013, p. 1.

4 「[대륙의 습격 ③] 중국발 해양 쓰레기, 서·남해 청정해역 망친다」, http://www.newsis.com/ar_detail/view.html?ar_id=NISX20160322_0013974720&cID=10201&pID=10200(2016년 4월 6일 검색).

동북아는 세계적인 해상 물동량의 집중 지역으로 선박에서 유류 등 오염 물질 유출로 인하여 해양오염 사고가 자주 발생하는 지역이다. 그림 4와 같이 동북아지역의 해양 보전을 위한 국제협력체인 북서태평양보전실천계획 NOWPAP에 따르면 1990년에서 2013년까지 선박의 충돌, 좌초, 침몰 등으로 인해 매년 5건 이상 유류 유출 해양오염 사고가 발생했다.[5] 향후 동북아지역의 지속적인 경제성장과 경제통합의 가속화 과정에서 수반되는 유류 등 해상 물동량의 증가에 따라 역내 해역은 선박 사고로 인한 해양오염과 해양생태계 파괴의 위험성이 높아질 것으로 우려된다.

(3) 사막화와 산림 황폐화

사막화와 산림 황폐화 문제는 동북아지역이 직면한 또 다른 지역 환경 이슈이다. 중국의 서북부, 내몽골, 화북 및 동북부지역 그리고 고비사막을 포함한 몽골의 전 지역 등이 바로 동북아지역에서 토양 퇴화로 인한 사막화desertification가 주로 진행되는 지역이다. 중국 정부가 2015년에 발표한 「중국 사막화 및 토양모래화 상황공보中国荒漠化和沙化状况公报」에 따르면 2014년의 사막화 면적은 261만 1,600km²로 전체 국토 면적의 27.2%에 달했으며, 2009년에 비해 약 1만 2,120km²가 감소한 것으로 나타났다.[6] 이러한 사막화 면적의 감소 추세는 2000년대에 들어서 '퇴경환림退耕還林' 조치와 같은 사막화 방지정책 추진 등의 요인에서 비롯된 것으로 보인다. 하지만 몽골은 중국과는 달리 사막화 면적이 확대되고 있다. 2012년 UNDP와 몽골 정부 등이 공동으로 발표한

5 NOWPAP MERRAC, "Report on oil and HNS spill incidents(UNEP/IMO/NOWPAP/MERRAC/FPM 17/9)," The 17th NOWPAP MERRAC focal points meeting & the 9th completent national authorities meeting, 2014.

6 중국임업국, 「中国荒漠化和沙化状况公报」, 2015.

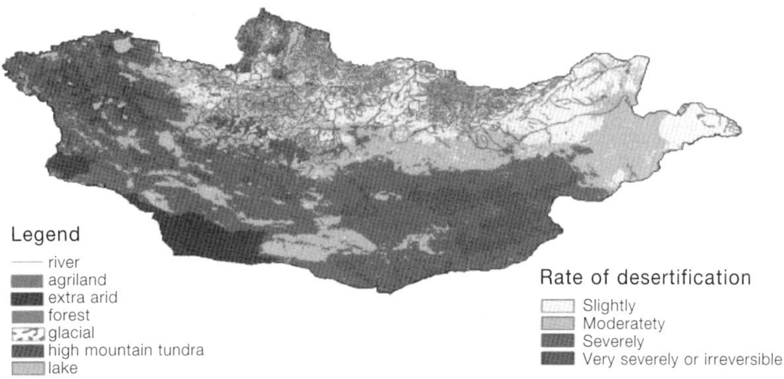

그림 5 몽골 사막화 현황 지도

보고서에 따르면 몽골은 지난 16년 동안 사막화가 '심각', 그리고 '매우 심각' 하게 진행되고 있는 면적이 각각 16배와 7배가 증가하여 전체 국토 면적의 78.2%가 사막화로 영향을 받고 있는 것으로 보고되었다.[7] 한편 북한은 동북아지역에서 가장 심각한 산림 황폐화 문제에 직면한 지역이다. 국립산림과학원에서 1999년과 2008년의 인공위성 영상 사진을 분석하여 추정한 자료에 따르면 북한의 황폐화된 산림 면적은 전체 산림 면적 889만 헥타르의 32%인 284만 헥타르에 달했는데, 이는 1999년 163만 헥타르에 비해 121만 헥타르가 증가한 면적이다.[8] 사막화와 산림 황폐화는 동북아지역의 지속 가능한 발전을 저해하고 역내 주민들의 생존 공간을 위협하고 있다.

---

7 UNDP et al., *Mongolia' s Sustainable Development Agenda : Progresses, Bottlenecks and Vision for Future*, UNDP, 2012, pp. 38~39.

8 박경석, 「북한의 산림현황 및 산림정책」, 『KREI 북한농업동향』 15(3), 2013, p. 9.

9 원 자료의 출처는 다음과 같다. Mongolia, *Assessment report on Climate Change 2009*, p. 64.

표 1 동아시아 지역의 기후변화 주요 위험

주요 위험	신뢰 수준
농작물 재배 실패 증가와 농작물 생산량 감소는 아시아지역의 식량 불안정 야기	중간 신뢰도
아시아 건조지역에서 물 부족	중간 신뢰도
범람 증가로 인해 아시아지역의 기반 시설 및 인간 정주에 광범위한 피해 발생	중간 신뢰도
범람과 관련된 사망, 사상, 질병 감염 그리고 정신적 장애 위험 증가	중간 신뢰도
열과 관련된 사망률 증가	높은 신뢰도
가뭄과 관련되며, 영양 결핍을 야기하는 물과 식량 부족 위험 증가	높은 신뢰도
수인성 및 매개체 질병 위험 증가	중간 신뢰도
빈곤, 불평등 그리고 새로운 취약성들의 심화	높은 신뢰도
아시아지역의 산호초 감소	높은 신뢰도
아시아 산꼭대기 지역에서의 멸종들	높은 신뢰도

* 신뢰 수준은 매우 높음, 높음, 중간, 낮음, 매우 낮음의 5단계로 구분됨
** IPCC 제2실무그룹(2014, 1736~1737)[10]

(4) 기후변화와 자연재해

기후변화는 지구 차원의 환경문제로서 동북아를 포함한 아시아지역도 기후변화의 부정적인 영향을 받고 있다. 표 1과 같이 IPCC는 2014년도 보고서에서 아시아지역의 기후변화 주요 위험 분야로 열과 관련된 사망률 증가, 물과

10 원 자료의 출처는 다음과 같다. Hijiko, Y., E, Lin, J.J. Pereira, R.T. Corlett, X. Cui, G.E. Insarov, R.D. Lasco, E. Lindgren, and A, Surjan, Asia, In : Climate Change 2014 : Impacts, Adaptation and Vulnerability, Part B : Regional Aspects, Contribution of Wokring Group II to the fifth Assessment Report of the Intergovernmental Panel on Climate Change[Barros,

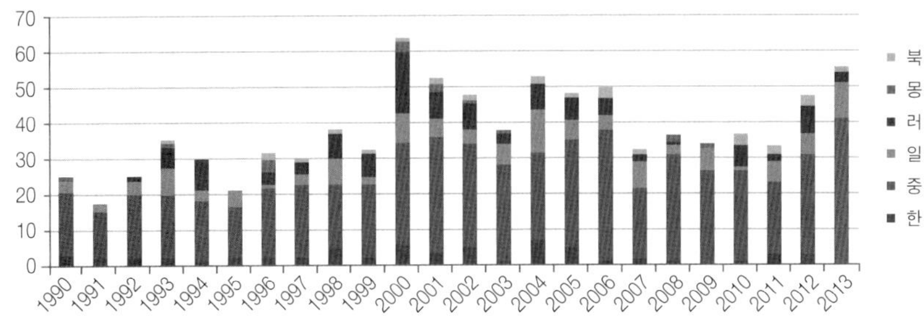

* 추장민 외(2014, 49 재인용)[11]

그림 6 동북아지역의 자연재난 발생 현황(1990~2013)

식량 부족 위험 증가, 산호초 감소 등 해양생태계 훼손, 멸종 위기종 등 생물다양성 감소 등을 열거했다. 이와 함께, 동북아지역은 태풍, 홍수 등 극단적 기후 현상으로 인한 자연재난에 직면해 있는데 2000년 이후 증가하는 추이를 보이고 있다(그림 6 참조).

북한은 동북아지역의 기후 취약성과 자연재해 위험 문제에서 빼놓을 수 없는 국가이다. 저먼워치Germanwatch가 개발한 기후위험지수Climate Risk Index, CRI에서 북한은 1992년부터 2011년까지 지난 20년 동안 상위 10개국 가운데 7번째로 위험지수가 높은 국가로 평가됐다.[12] 산림 황폐화, 하천 유실 등으로 기후변화 적응 기반이 취약하여 북한은 홍수, 가뭄 등 극한적 기후변화 현상에 취약한 상태에 놓여 있는 것이다. 이러한 취약 분야에 대한 기후변화 적응

V.R., C.B. Field, D.J. Dokken, M.D. Mastrandrea, K.J. Mach, T.E. Bilir, M, Chatterjee, K.L. Ebi, Y.O. Estrada, R.C. Genova, B.Girma, E.S. Kissel, A.N. Levy, S. MacCraken, P.R. Mastrandrea, and L.L. White (eds.)], Cambridge, United Kingdom and New York, NY, USA : Cambridge Uinversity Press, 2014, pp. 1327~1370.

11 이와 관련하여 EM-DAT 홈페이지(http://www.emdat.be/disaster-list) 참조.

12 Sven Harmeling and David Eckstein, *Global Climate Risk Index 2013*, Germanwatch e. V., 2012, p. 6.

표 2 장기 기후위험지수CRI : 위험지수 상위 10개국의 주요 지표(1992~2011)

CRI 1992~2011 (1991~2010)	Country	CRI Score	Death toll	Deaths per 100,000 inha-bitants	Total losses in million US$ PPP	Losses per unit GDP in %	Number of Events
1(3)	Honduras	10.83	329.25	4.96	679	2.84	60
2(2)	Myanmar	11.00	7,137.25	13.79	640	1.41	37
3(4)	Nicaragua	18.50	160.0	2.82	223	1.89	44
4(1)	Bangladesh	20.83	824.4	0.58	1,721	1.18	247
5(5)	Haiti	21.17	301.1	3.43	148	1.08	54
6(6)	Viet Nam	23.67	433.15	0.55	1,741	1.06	214
7(9)	Korea DPR	36.00	76.65	0.33	3,188	7.64	37
8(8)	Pakistan	30.50	545.9	0.38	2,183	0.73	141
9(55)	Thailand	31.17	160.4	0.26	5,413	1.38	182
10(7)	Dominican Republic	31.33	211.6	2.47	185	0.35	49

* Sven Harmeling and David Eckstein(2012, 6)

과 자연재난 대응 문제는 북한을 포함한 동북아지역의 주요 환경 이슈로 부각되고 있다.

(5) 화학물질 유출 사고

2015년 중국 텐진 항 폭발 사고에서 확인되듯이 동북아지역에서 화학물질 유출 사고가 증가하고 있는 추세에 있으며 그로 인하여 인명 피해 등 재난성 피해가 발생하고 있다. 중국의 경우 2008~2011년 사이에 발생한 돌발 환경 사고 568건 중 화학물질 사고가 287건으로 전체 돌발 환경 사고의 51%를 차지했는데, 2008년부터 매년 화학물질 관련 돌발 환경 사고의 비중은 57%, 58%, 47%, 46%에 달했다.[13] 한국에서도 2004년부터 2012년까지 매년 평균 약 13건으로 총 116건의 화학물질 유출 사고가 발생했으며, 2013년에 가장 많은 87건의 화학물질 유출 사고가 발생했다.[14] 동북아지역에서 화학물질을 사용하는 산업이 계속해서 발전할 것으로 예상되는 가운데 화학물질 유출 사고도 증가할 것으로 우려된다.

3. 한·중·일 환경장관회의TEMM 환경협력 공동실행계획 이행 현황

(1) 동북아 환경협력 현황 개괄

동북아 각국은 앞에서 살펴본 지역 차원의 환경문제에 대응하여 양자 또는 다자간 협력을 전개해 왔다. 양자 간 환경협력은 한중협력과 한일협력, 그리고 중일협력이 대표적이다. 먼저 한·중 환경협력은 1993년에 '한중환경협력협정'이 체결된 이래 양국 정상회담, 환경장관회의, 국장급 환경협력공동위원회로 구성된 협력체계를 갖추고 있다. 그리고 실행 조직으로서 한중환경산업협력센터, 한·중 황사 공동 측정 및 데이터 공유 네트워크, 대기오염 공동연

---

13 중국환경계획원, 「中国应对环境事故的应急风险管理与中韩合作方案研究报告」, 2015, pp. 3~4.

14 추장민 외, 『한·중 환경사고 대응정책 비교 및 협력방안 연구』, 대외경제정책연구원/한국환경정책·평가연구원, 2015, p. 29 재인용. 이와 관련하여 환경부 환경통계포털(http://stat.me.go.kr/nesis/index.jsp) ; 환경부, 『2014 환경통계연감』, 2014, p. 342 참조.

구단, 공동 환경기술 실증화 지원 센터 등을 설치하여 구체적인 사업을 추진하고 있다. 반면, 한·일 환경협력은 환경장관회의와 국장급 환경협력공동위원회로 협력체계가 구성되어 있다. 실행 조직으로서 한·일 해양환경실무회의와 한일해협 연안 시·도·현 지사회의가 설치되어 있으나 장관 및 국장급 회의의 내용과 연계 정도가 낮으며, 중국에 비해 협력 활동이 상대적으로 활성화되어 있지 않다.

중·일 환경협력은 한·중 환경협력과 유사하게 1994년에 '중일환경보호협정'이 체결된 이래 양국 정상회담, 환경장관회의, 국장급 환경협력공동위원회로 구성된 협력체계를 갖추고 있다. 중·일 환경협력은 일본 환경ODA 자금을 활용하여 기술과 설비 지원 및 인적 자원 양성을 위한 교육 훈련 등을 통해 중국 환경시장 진출에 초점을 맞추고 있다. 특히 중·일 양국 환경협력의 실행 조직으로서 '중일평화우호조약' 10주년을 기념하여 1996년에 중일우호환경센터Sino-Japan Friendship Center for Environmental Protection를 설치했는데, 중·일 환경협력의 창구이자 기지로서의 역할을 체계적으로 수행하고 있다.

다자간 환경협력은 크게 동북아지역 환경문제를 전반적으로 다루는 포괄적 환경협력과 대기, 해양, 생물다양성, 기후변화 등 특정 이슈에 대응하는 환경협력으로 구성되어 있다. 먼저 포괄적 환경협력은 한·중·일 환경장관회의TEMM와 동북아환경협력계획NEASPEC이 대표적인 협력체이다. 대기 분야 다자간 협력은 동아시아 산성 침적물 모니터링 네트워크EANET, 한·중·일 대기오염 정책 대화 및 실무 그룹, 동북아지역 장거리이동 대기오염물질 공동조사사업LTP, 그리고 한·중·일 황사 대응 국장급 회의TDGM 및 황사공동연구단 등 협력체를 통해서 진행되고 있다. 다음으로 해양 분야는 북서태평양보전실천계획NOWPAP, 생물다양성 분야는 동북아 생물권보전지역 네트워크EABRN와 한·중·일 생물다양성 정책 대화, 환경산업기술 분야는 한·중·일 환경산업 라운드 테이블, 그리고 기후변화 분야는 아태기후변화파트너십APP

등이 대표적인 협력체라고 할 수 있다.

(2) 제1차 「TEMM 환경협력 공동실행계획(2010~2014)」

동북아지역의 최고위급 환경협력체로서 TEMM은 약 10년의 협력 경험을 토대로 동북아지역의 환경문제에 대응하여 보다 체계적인 협력 활동을 진행하기 위하여 2010년 제12차 TEMM에서 제1차 「TEMM 환경협력 공동실행계획(2010~2014)」(이하 '제1차 공동실행계획')을 채택했다. 제1차 공동실행계획은 △환경 교육, 환경 인식 및 대중 참여 △기후변화 △생물다양성 △황사 △오염 관리 △환경친화적 사회/3R/건전한 자원순환 사회 △화학물질 관리 △동북아 환경거버넌스 △환경산업 및 기술의 10대 우선협력 분야와 각 분야별 협력 활동으로 구성되어 있다.[15]

먼저 환경 교육, 환경 인식 및 대중 참여 분야는 환경 교육과 대중 인식 제고를 위하여 매년 3국 환경 교육 네트워크TEEN 워크숍 개최, 환경 교재 공동개발, 청소년 회의/포럼 개최, 환경 공무원 연수교육 실시 등 4개 협력 활동이 이행되었다. 이 분야의 협력사업은 TEEN이라는 3국 간 환경 교육에 관한 대화 플랫폼을 구축하고 청년 세대에 초점을 맞추어 3국의 교육 전문가, 청년, NGO 활동가, 공무원 및 일반 시민의 지역 환경 문제와 환경협력에 대한 이해를 증진하고 지역 환경협력의 촉진에 긍정적 기여를 한 것으로 평가된다.[16]

기후변화 분야는 UNFCCC의 당사국 총회 등에서의 긍정적인 성과 도출을

---

15 TEMM, "Tripartite Joint Action Plan on Environment Cooperation," http://www.temm.org/sub05/view.jsp?id=18&page=1&search=&searchstring=(2016월 2월 20일 검색).

16 이 글의 제1차 「TEMM 환경협력 공동실행계획(2010~2014)」의 각 분야별 이행 현황 및 평가에 대한 내용은 필자가 2014년 대구에서 개최된 제16차 TEMM에서 발표한 다음의 자료를 참조하여 기술했다. KEI/CAEC/IGES, 「TEMM 10대 우선협력 분야 공동행동계획(2010~2014) 이행 현황 공동연구 결과보고」, 제16차 TEMM 발표문, 2014년 4월 29일.

표 3 제1차 「TEMM 환경협력 공동실행계획(2010~2014)」

10대 우선협력 분야	협력사업 수	주도 국가
1. 환경 교육, 환경 인식 및 대중 참여	4	중국
2. 기후변화	4	3국 공동
3. 생물다양성	5	일본
4. 황사	4	한국
5.오염관리	7	일본
6. 환경친화적 사회 / 3R / 건전한 자원순환 사회	3	일본
7. 전자폐기물의 국가 간 이동	5	중국
8. 화학물질 관리	2	중국
9. 동북아 환경거버넌스	3	한국
10. 환경산업 및 기술	3	한국

* 3국은 각각 3개 분야의 협력사업을 주도leading했으며, 기후변화 분야는 3국이 공동으로 주도함
** KEI / CAEC / IGES(2014)

위한 3국 간의 건설적인 노력, 기후변화와 환경문제 해결을 위한 상승 편익co-benefit 접근 방식의 협력, 한·중·일 녹색경제 세미나 및 녹색금융 세미나, 녹색성장-저탄소사회에 관한 공동연구 등에 관한 협력사업을 추진했다. 하지만 녹색경제 세미나 및 녹색금융 세미나, 녹색성장-저탄소사회에 관한 공동연구 등은 진행되었으나 UNFCCC 당사국 총회에서는 3국의 이해관계와 입장의 차이로 인하여 3국 간의 실질적인 협력 활동이 진행되지 않았다.

생물다양성 분야의 협력사업은 한·중·일 생물다양성 정책 대화, 생물다양성 당사국 총회 및 IUCN 등 국제기구에서의 협력 및 상호 지원, 생물다양

성 사토야마 이니셔티브/아시아 태평양 생물다양성 관찰 네크워크AP-BON/동아시아 및 동남아시아 생물다양성 정보 이니셔티브ESABII 등 국제 및 지역 협력체에서 3국 협력 강화 등으로 구성되어 있다. 이처럼 생물다양성 분야의 협력사업은 대부분 TEMM 협력 메커니즘이 아닌 다른 협력체에서 이행되었으며, TEMM 차원의 협력 활동으로 '한·중·일 생물다양성 정책 대화'가 매년 개최됨으로써 3국 간 생물다양성 보전을 위한 협력 기반이 조성된 것으로 평가된다.

황사 분야의 협력사업은 한·중·일 황사 대응 국장급 회의TDGM와 황사 공동연구단으로 구성되어 있다. 황사 공동연구단은 운영위원회와 실무그룹I(황사 예측모델 정확성 개선 및 황사 데이터 공유)과 실무그룹II(황사 발원지역 생태계 복원 성공사례 분석 및 모델 개발)를 운영하여 공동연구를 진행하였다. 황사 분야의 협력사업은 황사 발생 등에 관한 정보 공유 및 공동연구에서 성과를 거두고 있으며, '국장급 회의 ↔ 운영위원회 ↔ 실무 그룹'의 협력 체계가 구축되어 다른 분야에 비해 협력사업이 상대적으로 안정적이고 체계적으로 진행되고 있는 것으로 평가된다.

오염 관리 분야의 협력사업은 광화학 산화물O_X에 관한 3국 공동연구, 동아시아 산성 침적물 모니터링 네트워크, 환경적으로 지속 가능한 교통EST 아시아 지역 포럼, 아시아 물 환경 파트너십WEPA, NOWPAP의 해양 폐기물 지역 행동계획, 비의도적 잔류성 유기화학물질POPs에 관한 워크숍 등으로 구성되어 있다. 이 가운데 TEMM 차원의 사업으로 추진된 '광화학 산화물O_X 공동연구'를 위한 워크숍이 매년 개최되었으며, 그 외 협력사업은 관련 국제 및 지역 협력체, 이른바 '비非non-TEMM 협력 메커니즘'에서 수행되었다. 그리고 2013년 제15차 TEMM에서 3국 환경장관이 신규 협력사업으로 '한·중·일 대기오염 정책 대화'의 설치 및 운영에 합의한 것은 중국이 그동안 대기오염 문제에 대응한 협력 활동에 소극적인 태도를 보인 점에 비추어 보면 오염 관리 분야 협력사업의 주요한 진전으로 보인다.

환경 친화적 사회/3R/건전한 자원순환 사회 분야의 협력사업은 관련 세미나 개최, 3R 정보 공유 시스템 개발, 3R 우수 사례 및 지식 공유로 구성되어 있다. 이 가운데 '환경 친화적 사회/3R/건전한 자원순환 사회'와 관련한 세미나를 매년 개최하여 폐기물 관리 등에 관한 정책을 공유함으로써 3국 간 상호 이해의 증진과 관련 정책의 개선에 기여했으며, 3국의 담당 기관, 재정 지원 및 기술 능력 등 협력사업의 안정적인 이행 기반이 구축된 것으로 평가된다.

전자 폐기물의 국가 간 이동 분야의 협력사업은 바젤협약 아시아태평양지역 센터, 아시아 유해 폐기물의 국가 간 불법이동 방지 네트워크, 아태지역 전기·전자 폐기물의 환경 친화적 관리를 위한 바젤협약 파트너십 등에서 협력, 전기·전자 폐기물의 국가 간 이동 통제 및 관리 정보교환 협력 강화로 구성되어 있다. 이 분야의 협력사업은 3국의 전기·전자 폐기물의 국가 간 불법이동의 통제 및 관리에 관한 세미나 이외에는 바젤협약 아시아태평양지역 센터 등 바젤협약 협력 메커니즘을 통해 진행되었다.

화학물질 관리 분야의 협력사업은 3국의 화학물질 최신 관리 정책 정보교환과 3국의 화학물질 우수실험실 운영기준GLP/실험 방법/위험 평가에 관한 협력증진을 위해 '한·중·일 화학물질 관리 정책 대화'를 진행하는 것으로 구성되어 있다. 3국은 매년 최신 화학물질 관리 정책에 관한 정책 대화를 개최하여 화학물질 분야의 정보 교류와 협력을 위한 기반을 구축한 것으로 평가되는데, 화학물질의 시험 방법 및 위험 평가에 관한 사업은 3국 간 협력이 강화될 필요가 있다.

동북아 환경거버넌스 분야의 협력사업은 동북아 환경거버넌스 공동연구, 한·중·일 경제통합의 환경영향평가 공동연구, 3국 환경과학원장 회의 및 공동 워크숍 등으로 구성되어 있다. 이 가운데 '한·중·일 경제통합의 환경영향

평가 연구'는 이행되지 않았으나 동북아 환경거버넌스 공동연구, 환경과학원장 회의 및 공동 워크숍 등을 통해 3국의 환경 관련 정책연구와 과학연구를 담당하는 연구기관의 협력네트워크가 구축되어 TEMM의 과학적·정책적 자문 플랫폼의 건설에 진전을 이룬 것으로 보인다.

마지막으로 환경산업 및 기술 분야의 협력사업은 한·중·일 환경산업 라운드테이블 개최를 통한 관련 전문가, 연구자 및 공무원의 교류 증진, 녹색 구매/에코라벨링/환경 기술 등에 관한 지식 공유 증진, 환경기술 인증에 관한 정보 공유 증진 등으로 구성되어 있다. 3국은 매년 환경산업 라운드테이블을 개최하여 환경산업협력을 촉진하는 데 기여했으며, 일부 사무기기의 에코라벨링에 대한 공동인증 기준을 마련하고 ISO-ETV 표준 제정의 국제 협상에서 3국간 협력 강화에 합의하는 등 실질적인 성과를 거두었다.

위와 같이 제1차 공동실행계획은 분야와 사업에 따라 이행 정도에서 차이를 보이고 있다. 환경 교육, 환경 인식 및 대중 참여, 황사, 동북아 환경거버넌스, 그리고 환경산업 및 기술 등의 분야에서 상대적으로 이행 정도가 높은 것으로 보인다. 특히 환경산업 및 기술 분야에서 에코라벨링 공동인증 기준 마련 등 실질적인 성과를 거둔 것으로 평가된다. 그런데 일부의 분야에서는 TEMM 차원이 아닌 '비非non-TEMM 협력 메커니즘'의 협력사업이 다수 포함되어 있는 점도 발견된다. 따라서 TEMM과 '비非non-TEMM 협력 메커니즘' 간의 보다 긴밀한 상호 연계와 지속적인 소통을 통한 협력사업의 시너지 효과를 도모할 필요가 있는 것으로 보인다. 전체적으로 볼 때, 제1차 공동실행계획의 대부분 협력사업은 정보 공유, 상호 이해 증진, 사업 수행을 위한 협력 메커니즘의 구축 등에 초점을 맞추고 진행되었다. 이러한 협력사업의 성과는 동북아지역에서 TEMM뿐만 아니라 분야별 환경협력체의 협력을 촉진하는 데 기여할 것으로 예상된다.

4. 동북아 환경협력의 향후 과제

2013년 제15차 TEMM에서 3국 장관 간 합의에 따라 진행한 2013년부터 2014년까지 제1차 공동실행계획의 이행 상황에 대한 점검review 결과, 동북아지역의 환경 이슈의 변화, 그리고 한·중·일 3국의 환경협력 수요 등이 반영되어 2014년 제16차 TEMM에서 공동성명을 통해 제2차 「TEMM 환경보호 공동실행계획(2015~2019)」(이하 '제2차 공동실행계획')의 9대 우선협력 분야가 선정되었다.[17] 제2차 공동실행계획의 9대 우선협력 분야는 ① 대기질 개선 ② 생물다양성 ③ 화학물질 관리 및 환경 재난 대응 ④ 자원의 순환적 관리/3R/전기·전자 폐기물의 국경 간 이동 ⑤ 기후변화 대응 ⑥ 물·해양 환경의 보전 ⑦ 환경 교육, 대중 인식 및 기업의 사회적 책임 ⑧ 농촌 환경 관리 ⑨ 녹색경제로의 전환으로 구성되어 있다.[18] 그리고 2015년 제17차 TEMM에서 37개 협력 활동이 포함된 제2차 공동실행계획을 정식으로 채택했다.[19]

제1차 공동실행계획과 비교하여 제2차 공동실행계획에서 동북아지역의 환경 이슈에 대응하여 진전된 부분은 다음과 같다.

첫째, 제1차 공동실행계획에서 오염 관리 분야에 포함되어 있는 대기오염 문제를 분리하여 대기질 개선을 첫 번째 우선협력 분야로 선정함으로써, 대기오염 문제를 TEMM협력의 핵심 분야로 명시적으로 포함했다는 점이다.

둘째, 동북아지역에서 점증하는 자연 재난과 사회적 재난, 그리고 자연 재난과 사회적 재난이 결합된 복합 재난에 응급 대응하기 위하여 환경 재난 대응을 우선협력 사업 분야로 채택했다.

---

17 환경부, 「TEMM16 공동합의문」, 2014.

18 위의 글.

19 환경부, 「TEMM 환경협력 공동실행계획(2015~2019)」, 2015.

셋째, 기업의 환경오염과 훼손 행위를 방지하고 환경 보전의 기업의 책임을 강화하여 친환경 경영으로 유도하기 위해 기업의 사회적 책임을 강조하고 있다. 즉 기업도 동북아 환경협력의 주요 주체로서 인정하고 참여를 요청하고 있는 것이다.

넷째, 중국이 당면한 환경문제인 농촌지역의 환경 관리를 우선협력 분야의 하나로 선정했다는 점이다. 이에 따라 향후 농촌 환경문제에 관한 한·중·일 3국 또는 한·중, 중·일 양국 간 협력이 강화될 것으로 예상된다.

다섯째, 환경과 경제의 통합적 관점에서 동북아지역의 환경협력을 접근하고 있다는 점이다. 녹색경제로의 전환을 통한 환경과 경제의 상생 효과를 얻기 위하여 환경과 경제의 통합적 협력이 확대될 것으로 보인다.

이러한 제2차 공동실행계획은 다음과 같은 동북아 환경협력의 과제를 해결하는 과정에서 단계적으로 이행되어야 할 것이다.

첫째, 동북아 환경 이슈가 실질적으로 해결될 수 있는 협력 방안이 모색되어야 할 것이다. 구체적으로 '한·중·일 대기오염 정책 대화' 산하에 설치되어 있는 두 개 실무 그룹의 업무를 오염원 규명, 모델링 등 과학적 현황 파악을 위한 연구와 함께 대기오염 저감을 위한 정책 수단의 최적화 방안 연구 및 공동 사업의 추진으로 동북아지역의 대기오염 개선에 실질적으로 기여해야 할 것이다. 또한 재난성 고농도 대기오염의 피해를 최소화하기 위하여 역내 관련국이 참여하는 '동북아 대기오염 예·경보 시스템'을 구축하는 협력 방안이 모색되어야 할 것이다. 그리고 '동북아 대기오염 예·경보 시스템' 구축의 출발점이자 기반으로서 대기오염 모니터링 데이터를 실시간으로 공유하는 '한·중·일 대기정보 공유 시스템'을 우선 설치하여 운영할 필요가 있다.

둘째, 신규로 채택된 우선협력 분야인 환경 재난 대응, 농촌환경 관리에 관한 협력 활동을 구체화하는 방안이 모색되어야 할 것이다. 먼저 환경 재난에 대응한 협력 활동으로 채택된 '환경 재난(사고) 위험평가에 관한 3국 공동연구'의 구체적인 이행 방안으로서 3국에서 환경 재난을 실제로 담당하는 조직이 참여하는 '한·중·일 환경 재난(사고) 공동연구단'을 설치할 필요가 있다. 그리고 '한·중·일 환경 재난(사고) 공동연구단'에서 환경 사고 위험성 평가기법 등에 대한 공동연구와 동시에 3국 간 환경 재난 대응 협력체의 구축에 관한 정책 대화를 수행할 필요가 있다. 다음으로 농촌환경 관리 분야는 한·중·일 3국 또는 한·중 양국 간 '농촌환경 개선 중장기 협력 프로그램'을 개발하여 추진해야 할 것이다. 농촌환경 문제에 대한 중국의 적극성 등을 고려할 때, 중국 정부가 중장기 협력 프로그램을 수용할 가능성이 매우 높을 것으로 보인다.

셋째, 녹색경제로의 전환 분야에서 환경과 경제의 통합협력은 현재 발효된 한·중FTA 또는 APEC 협력 메커니즘을 적극 활용할 필요가 있다. 즉, 한·중 FTA의 '환경과 무역위원회'를 비롯한 경제협력 메커니즘을 활용하여 환경 관련 상품, 서비스, 규범/협력에 관한 협력을 강화하고 국가 간 협력의 녹색화 greening를 추진해야 할 것이다.

| 참고문헌 |

제1장 고대 환동해문화권역의 조망

강인욱, 「연해주 초기철기시대 크로우노프카 문화의 확산과 전파」, 환동해고고학회 편, 『철기시대 한국과 연해주』, 주류성, 2009.

國立文化財硏究所, 『高城 文岩里 遺蹟』, 國立文化財硏究所, 2004.

김장석, 「중부지역 격자문타날토기와 U자형토기의 등장」, 『한국고고학보』 90, 2014.

김재윤, 「동북아시아의 신석기시대에서 청동기시대로의 전환기 연구」, 『북방사논총』 8, 2005.

_____, 「동북한과 중국 연변지구의 초기 철기시대 문화」, 『고고학으로 본 옥저문화』, 동북아역사재단, 2008.

_____, 「동북한 청동기시대 형성과정」, 『동북아역사논총』 32, 2011.

_____, 「두만강 유역 그보즈제보-4 유적 검토」, 『海東文化論叢』 創刊號, 2009.

_____, 「범의구석 1호 적색마연토기의 형성과정」, 『韓半島 (赤色)磨硏土器 探究』, 2013년 한국청동기학회 토기분과 워크숍, 2013년 6월 21일.

_____, 「선사시대의 極東 全身像 土偶와 환동해문화권」, 『한국상고사학보』 60, 2008.

_____, 「연해주와 동해안지역의 신석기 토기문화 비교」, 『韓國新石器硏究』 20, 2010.

_____, 「지역 간 교류에 대한 방법론적 제시」, 『한국고고학의 신지평』, 제38회 한국고고학대회발표요지, 2014년 11월 7일.

_____, 「평저토기문화권 동부지역의 6,500~6,000년 전 신석기문화 비교고찰」, 『韓國考古學報』 96, 2015.

_____, 「한반도 동북지역 뇌문토기의 변천 과정」, 『文化財』 40, 국립문화재연구소, 2007.

_____, 「韓半島刻目突帶文土器의 編年과 系譜」, 『한국상고사학보』 46, 2004.

金元龍,「春川校洞 同居遺蹟과 遺物」,『歷史學報』20, 1963.

朴榮九,「中部地域 突帶文土器文化의 展開樣相-江原嶺西地域을 中心으로」,『韓國上古史學報』75, 2012.

朴淳發,『漢城百濟의 誕生』, 서경문화사, 2001.

裵眞晟,「無文土器文化의 成立과 系統」,『嶺南考古學』32, 2003.

_____,「豆滿江流域 無文土器의 實相」,『嶺南考古學』42, 2008.

송기호,『한국 고대의 온돌』, 서울대학교출판부, 2006.

송영진·하용인,「청동기시대 전기 마성자요소의 한반도 유입 일 양상」,『韓國考古學報』92, 2014.

申敬澈,「三韓 三國時代의 東萊」,『東來區誌』, 東萊區誌編纂委員會, 1995.

윤재운,「발해의 5경과 교통로의 기능」,『한국고대사연구』63, 2011.

袁輝,「泊汋口位置考」,『北方文物』2, 1993.

李弘鐘,「中島式土器의 成立過程」,『韓國上古史學報』6, 1991.

임상택,「동남해안지역의 신석기시대 조기 문화 — 죽변 유적을 중심으로」,『한국 동남해안의 선사와 고대문화』, 제40회 한국상고사학회 학술발표대회, 2012년 10월 26일.

趙賓福,『中國東北先史文化硏究』, 우지남 역, 도서출판 考古, 2011.

千羨幸,「한반도 돌대문토기의 형성과 전개」,『한국고고학보』57, 2005.

黑龍江省文物考古工作隊·吉林大學歷史係考古專業,『東寧團結遺趾發掘報告』, 黑龍江省文物考古工作隊·吉林大學, 1978.

A. L. 수보티나,「한반도의 중도식토기문화와 크로우노프카 문화의 비교」,『고고학으로 본 옥저문화』, 동북아역사재단, 2008.

E. I. Gelman,「러시아 연해주 발해유적 발굴의 결과와 의의The results and mean-ings of the excavations of Balhae Sites in Russian」,『高句麗渤海硏究』38, 정석배 역, 2010.

Алексеева Э. В., Андреева Ж. В., Вострецов Ю. Е., Горшкова И. С., Жущиховская И. С., Клюев Н. А., Кононенко Н. А., Кузьмин Я.В., Худик В.Д., *Неолит юга Дальнего Востока : Древнее поселение в пещере Чертовы Ворота*, НАУКА, 1991(알렉세프 외,『남극동의 신석기시대 : 쵸르토븨 바로타 유적』, 과학, 1991).

Вострецов Ю. Е., “Взаимодействие морских и земледельских адаптаций в бассейне Японского моря”, *Российский Дальний Восток в древности и средневековье : открытия, проблемы, гипотезы : Открытия, проблемы, гипотезы-Владивосток*–, Издательство Дальнука ДВО РАН, 2004(보스트레초프,「일본 해에서 농경민의 해양 적응과 기후」,『러시아 극동의 선사와 중세』, 러시아과학아카데미 극동과학출판사).

Дьякова, О. В., *Военное зодчествоСитотэ-Алиния*, Москва, Восточнная литература РАН, 2009(댜코바,『시호테알린 산맥의 성곽』, 러시아과학아카데미 동방문고, 2009).

Окладников А. П. Медведев В. Е., “Раскопки в Саеачи Аляне,” *Археологические открытия 1980 года*, институт археологи РАН, 1981(오클라드니코프·메드베제프, 「사카치 알리안 발굴」, 『1980년 고고신발견』, 러시아과학아카데미 고고학연구소, 1981).

Раков В. А., Гельан Е. И., “Малакофауна бохайскоо городища Горбатка,” *Археология и культурая антропология Дальнего Востока*, Владивосток : ДВО РАН, 2002(라코프·겔만, 「고르바트카 발해성에서 출토된 패각」, 『극동의 고고학과 민속학』, 러시아과학아카데미 극동분소, 2002).

제2장 환동해지역의 문화적 기층과 변화 : 죽음의 인식을 중심으로

가지 노부유키, 『유교란 무엇인가』, 김태준 역, 지영사, 1996.

강정원, 「시베리아 소수민족의 생사관 — 사하인들을 중심으로」, 『동아시아 기층문화에 나타난 죽음과 삶』, 민속원, 2001.

김시덕, 「일본의 화장, 불교식 장례」, 『불교학연구』 16, 2007.

김태곤, 「무속과 불교와의 관계」, 『한국종교』 4·5, 1980.

라리사 파블린스카야, 「시베리아 샤머니즘의 역할, 기능 그리고 현재 상황」, 『하늘과 땅을 잇는 사람들』, 국립민속박물관, 2011.

민두기, 「근대 동아시아에서의 기독교도 : 그 존재양태의 개관」, 『아시아문화』 4, 1988.

_____, 「근현대 동아시아에서의 기독교도」, 『시간과의 경쟁』, 연세대학교출판부, 2001.

신의연, 「한국과 중국 초기 기독교 수용시기 현지인 서술에 관한 고찰」, 『인문학연구』 86, 2012.

양민종, 『샤만 이야기』, 정신세계사, 2003.

우노 하르바, 『샤머니즘의 세계 — 알타이 민족들의 종교적 표상』, 박재양 역, 보고사, 2014.

유장근, 「절충과 충돌 : 근대 중국의 기독교」, 『대구사학』 73, 2003.

_____, 「청말 광동지방의 사회복지기관」, 『역사학보』 151, 1996.

장철수, 「한국의 평생의례에 나타난 생사관」, 『동아시아 기층문화에 나타난 죽음과 삶』, 민속원, 2001.

줄리아 칭, 『유교와 기독교』, 변선환 역, 서광사, 1993.

진교훈, 「철학에서 본 생명」, 『생명연구』 1, 1993.

최용수·김정호, 「아시아지역 무속의례의 신화수용 연구」, 『한민족어문학』 46, 2005.

퀴스텔 드 쿨랑주, 『고대도시 — 그리스·로마의 신앙, 법, 제도에 대한 연구』, 김응종 역, 아카넷, 2000.

하순애, 「무속사상의 관점에서 본 생명의 의미」, 『철학논총』 40, 2005.

成海俊, 「日本思想における死生観研究」, 『退溪學論叢』 24, 2014.

V.モロジャコフ, 『ジャポニズムのロシア一知られざる日魯文化関係史』, 藤原書店, 2011.

「스위스 안락사 여행자 1,749명…… 전 세계 찬반 논란 가열」, http://www.yonhapnews.co.kr/international/2015/08/15/0606000000AKR20150815058500009.HTML(2015년 10월 14일 검색).

「'존엄사' 김 할머니 의료진 과실 무혐의」, http://news.naver.com/main/read.nhn?mode=LSD&mid=sec&sid1=102&oid=038&aid=0002093005(2015년 11월 23일 검색).

「中国安乐死合法化这么近又那么远」, http://t.cn-healthcare.com/article/20150915/content-477931.html(2015년 11월 23일 검색).

제3장 환동해 농촌경관의 문화적 구성과 재현의 정치

그렉 개러드, 『생태비평』, 강규한 역, 서울대학교출판문화원, 2014.

금희, 「월광무」, 『세상에 없는 나의 집』, 창비, 2015.

다바야시 아키라, 『농촌 변화의 지리학 : 상품화되는 일본의 농촌공간』, 정암 역, 한울아카데미, 2015.

데이비드 앳킨슨·피터 잭슨·데이비드 시블리·닐 워시본 편저, 『현대 문화지리학 : 주요 개념의 비판적 이해』, 이영민·진종헌 외 공역, 논형, 2011.

라승도, 「목가의 해체 : 포스트소비에트 러시아 영화의 농촌공간」, 『슬라브학보』 27(1), 2012.

레이 초우, 『원초적 열정』, 정재서 역, 이산, 2004.

레이먼드 윌리엄스, 『시골과 도시』, 이현석 역, 나남, 2013.

박배균, 「도시-지역 연구에서 관계론적 사고를 둘러싼 논쟁 : '네트워크적 영역성'에 대한 소고」, 허우긍·손정렬·박배균 편, 『네트워크의 지리학』, 푸른길, 2015.

발렌틴 라스푸틴, 『마쪼라의 이별/마이야를 위하여』, 권철근 역, 중앙일보사, 1990.

신진숙, 「생태적 글쓰기와 신화적 상상력의 상관성 고찰」, 『한국근대문학연구』 26, 2012.

_____, 「재난 서사의 문화적 구성 : 후쿠시마와 밀양 사례를 중심으로」, 『문화와 사회』 18, 2015.

앙리 르페브르, 『공간의 생산』, 양영란 역, 에코리브르, 2011.

앤디 메리필드, 「앙리 르페브르 : 공간에 관한 사회주의자」, 마이크 크랭·나이절 스리프트 편, 『공간적 사유』, 에코리브르, 2013.

우럴투, 「호박색우등불」, 『송화강』, 1984. 2.

이상헌·이보아·이정필·박배균, 『위험한 동거 : 강요된 핵발전과 위험경관의 탄생』, 알트, 2014.

장룽, 『늑대토템』, 송하진 역, 김영사, 2008.

존 앤더슨, 『문화, 장소, 흔적 : 문화지리로 세상 읽기』, 이영민·이종희 역, 한울아카데미, 2013.

질 밸런타인, 『공간에 비친 사회, 사회를 읽는 공간 : 사회지리학으로의 초대』, 박경환 역, 한울아카데미, 2014.

츠쯔젠, 『어얼구나 강의 오른쪽』, 김윤진 역, 들녘, 2011.

DuPuis, E. M., "Landscapes of desire?" In Cloke. P., T. Marsden and P. H. Moony (eds). *Handbook of rural studies*, London : Sage, 2006.

Halfacree, K., "Rural space : constructing a three architecture," In Cloke. P., T. Marsden and P. H. Moony (eds), *Handbook of rural studies*, London : Sage, 2006.

Woods, M., "Rural geography : blurring boundaries and making connections," *Progress in Human Geography*, Vol. 33, No. 6, 2009.

Cloke, P., "Conceptualizing rurality," In Cloke. P., T. Marsden and P. H. Moony (eds), *Handbook of rural studies*, London : Sage, 2006.

뤽 베송 감독, 《늑대토템》, 중국, 2014.

리디아 보브로바 감독, 《투샤 할머니》, 러시아, 2003.

모리 준이치 감독, 《리틀 포레스트》, 일본, 2014~15.

박배일 감독, 《밀양 아리랑》, 한국, 2015.

알렉세이 바크루셰프 감독, 《툰드라 북》, 러시아. 2012.

이충렬 감독, 《워낭소리》, 한국, 2008.

제4장 환동해의 네트워크 지정학적 이해

강승호 외, 『환동해경제론』, 두남, 2014.

강장묵, 『뉴미디어와 소통의 정치학』, 한울아카데미, 2009.

강정인, 「한국 현대 정치의 이념적 지형 : 비동시성의 동시성의 관점에서」, 『넘나듦通涉의 정치사상』, 후마니타스, 2013.

강태호·강재홍, 『북방 루트 리포트 : 환동해 네트워크와 대륙철도』, 돌베개, 2014.

권세은, 「왜 비판지역학인가 : 환동해학의 인식체계」, 권세은 외, 『환동해지역의 비판적 성찰』, 경희대학교출판문화원, 2014.

_____, 「환동해의 지역성과 지정학적 특성에 대한 비판적 이해」, 『STRATEGY 21』 17(3), 2014.

김상배, 「네트워크 권력의 세계정치」, 『한국정치학회보』 42(4), 2008.

_____, 「네트워크 세계정치 이론의 모색」, 『국제정치논총』 48(4), 2008.

_____, 「스마트 파워의 개념적 이해와 비판적 검토 : 중견국 네트워크 권력론의 시각」, 『국제정치

논총』 49(4), 2009.
_____, 「네트워크로 보는 중견국 외교전략-구조적 공백과 위치권력 이론의 원용」, 『국제정치논총』 51(3), 2011.
김석현, 「네트워크의 이론지형과 실천적 함의」, 『동향과 전망』, 한국사회과학연구회, 2012.
김용학·하재경, 『네트워크 사회의 빛과 그늘』, 박영사, 2008.
김형민, 「네트워크 분석방법의 국제정치학적 적용」, 『한국정치학회보』 43(1), 2009.
남호엽, 「글로벌시대 지정학 비전과 영토교육의 재개념화」, 『한국지리환경교육학회지』 19(3), 2011.
동국대학교 분단/탈분단연구센터, 『분단의 행위자-네트워크와 수행성』, 한울, 2015.
데이비드 스믹, 『세계는 평평하지 않다』, 현대경제연구원 감역, 이영준 역, 비즈니스맵, 2009.
문인혁, 「한반도의 지정학적 구조 분석과 국가전략-비판지정학을 중심으로」, 『전략연구』 22(2), 2015.
문창옥, 「시간과 궁극자의 범주」, 『화이트헤드 연구』 15, 2007.
미즈우치 도시오 편, 『공간의 정치지리』, 심정보 역, 푸른길, 2010.
민병원, 「네트워크의 국제 관계 : 이론과 방법론, 그리고 한계」, 『국제정치논총』 49(5), 2009.
_____, 『복잡계로 풀어내는 국제정치』, 삼성경제연구소, 2005.
박배균, 「도시-지역 연구에서 관계론적 사고를 둘러싼 논쟁 : '네트워크적 영역성networked territoriality'에 관한 소고」, 허우긍·송정렬·박배균 편, 『네트워크의 지리학』, 푸른길, 2015.
시미즈 히로시, 『생명과 장소 — 창조하는 생명의 원리』, 박철은·김강태 역, 그린비, 2010.
신영복, 『강의』, 돌베개, 2014.
아즈마 히로키, 『일반의지 2.0』, 안천 역, 현실문화, 2012.
양기웅, 『동아시아협력의 역사 이론 전략』, 소화, 1999.
오마에 겐이치, 『국가의 종말』, 박길부 역, 한언, 1999.
윤영광, 「네트워크의 정치철학 : 무의식-데이터 민주주의론 비판과 네트워크 정치의 윤리학」, 『오늘의 문예비평』 88, 산지니, 2013.
이재열·안정옥·송호근 편저, 『네트워크 사회의 구조와 쟁점』, 서울대학교출판부, 2007.
이창주, 『변방이 중심이 되는 동북아 신네트워크』, 산지니, 2014.
임정택 외, 『소통기계와 네트워크 인문학』, 연세대학교출판부, 2011.
정연홍, 「화이트헤드의 과정철학에서 존재와 지각」, 『철학논총』 59, 2010.
조하나 보크만, 『신자유주의의 좌파적 기원』, 홍기빈 역, 글항아리, 2015.
지상현·콜린 플린트, 「지정학의 재발견과 비판적 재구성」, 『공간과 사회』 31, 2009.
최승업, 『환동해 peace sea vision 수립을 위한 기초 연구』, 강원발전연구원, 2004.

최재선 편, 『환동해 경제학』, 블루앤노트, 2015.

콜린 플린트, 『지정학이란 무엇인가』, 한국지정학연구회 역, 도서출판 길, 2007.

토머스 L. 프리드먼, 『세계는 평평하다』, 김상철·이윤섭 역, 창해, 2005.

Peter Dicken, 『세계경제공간의 변동』, 구양미 외 역, 시그마프레스, 2014.

하영선·김상배 편, 『네트워크 지식국가 : 21세기 세계정치의 변환』, 을유문화사, 2006.

_____, 『네트워크 세계정치 : 은유에서 분석으로』, 서울대학교출판문화원, 2010.

허우긍, 「네트워크 이해하기」, 허우긍·손정렬·박배균 편, 『네트워크의 지리학』, 푸른길, 2015.

홍성욱, 『네트워크 혁명, 그 열림과 닫힘』, 들녘, 2006.

후나바시 요이치, 『축의 이동』, 오대영·김동호 역, 중앙북스, 2010.

Agnew, John, Geopolitics : Re-visioning World Politics, London and New York, Routledge, 1998.

Balibar, E., *We, The People of Europe?*, Princeton & Oxford : Princeton University Press, 2004.

Colin, Flint, *Introduction to Geopolitics*, London and New York, 2006.

Ikenberry, G. John, "The Illusion of Geopolitics : The Enduring Power of the Liberal Order," *Foreign Affairs*, May/Jun, 2014.

Kahler, Miles (ed.), *Networked Politics : Agency, Power, and Governance*, Ithaca and London: Cornell University Press, 2009.

Mead, Walter R., "The Return of Geopolitics : The Revenge of the Revisionist Powers," *Foreign Affairs*, May/Jun, 2014.

이어령, 「한국, 어디로 가야 하나」, 『중앙일보』, 2004년 1월 5일.

「말로만 제재하는 韓·美·日, 또 뒤통수 맞은 中」, 『조선일보』, 2016년 2월 4일.

「북한, '장거리 로켓 도발' 중단해야」, 『한겨레』, 2016년 2월 3일.

「잘못 가고 있는 북핵 대응, 한·미·일 엠디 강화」, 『한겨레』, 2016년 1월 24일.

「혹독한 대가 치를 장거리 로켓 도박을 중단하라」, 『중앙일보』, 2016년 2월 4일.

「미·중 양국이 세계 군사비 절반 차지…… 한국 군비지출 10위」, http://news.sbs.co.kr/news (2014년 4월 14일 검색).

「북·중·러 '두만강 국제관광구' 건설사업 본격 추진」, http://vip.mk.co.kr/news/view(2015년 10월 30일 검색).

「중국 훈춘, 러시아 국경도시 크라스키노의 '국경검문소 현대화사업' 참여」, http://www.g-enews.com(2016년 1월 8일 검색).

「중국 훈춘-북한 나진항 해상 수송 활발」, http://www.nocutnews.co.kr(2016년 1월 30일 검색).

제5장 환동해지역의 안보 현안과 협력체제 모색

김기석, 「동아시아 지역주의와 일본 대외정책의 딜레마」, 『국가전략』 11(4), 2005.

김미경, 「조직된 위선과 동아시아의 지역통합 : 동아시아 지역통합의 제도적 저발전에 대한 이론적 소고」, 『아세아연구』 53(4), 2010.

孫崎享, 『일본의 영토분쟁 : 독도·센카쿠·북방영토』, 양기호 역, 메디치, 2012.

송석원, 「한국의 정치발전과 정치문화」, 민준기·최용섭·노찬백·송석원·이구, 『한국 정치발전의 이해』, 지식마을, 2010.

이성우, 「동아시아 영유권 분쟁의 과학적 이해 : 세계적 차원의 영유권 분쟁에서 중·일·러·한의 행태분석」, 『JPI정책포럼』 (2014-15), 2014.

이신화, 「동북아 다자안보구상 : 도전과 과제」, 『JPI 정책포럼』 (2014-06), 2014.

이원덕, 「일본의 동아시아지역 형성정책의 전개와 특징」, 『일본연구논총』 22, 2005.

차두현, 「서문」, 김병국 외, 『미중관계 2025』, 동아시아연구원, 2012.

최진우, 「민족주의와 동북아시아 지역협력」, 『JPI정책포럼』 (2014-25), 2014.

Björn, Hettne and Söderbaum, Fredrik, "Theorising the Rise of Regionness," *New Political Economy*, Vol. 5, No. 3, 2000.

Calder, Kent and Min, Ye, "Regionalism and Critical Junctures : Explaining the 'Organization Gap' in Northeast Asia," *Journal of East Asian Studies*, Vol. 4, No. 2, 2004.

Huth, Paul K. and Allee, Todd L., *The Democratic Peace and Territorial Conflict in the Twentieth Century*, New York, Cambridge University Press, 2003.

Ikenberry, G. John, Asian Regionalism and the Future of U.S. Strategic Engagement with China, in Abraham Denmark and Nirav Petel (eds.), *China's Arrival : A Stratigic Framework for a Global Relationship*, Center for a New American Security, 2009.

Kang, David C., Getting Asia Wrong : The Need for New Analytical Frameworks, in *International Security*, Vol. 27, No. 4, Spring, 2003.

Mearsheimer, John J., "China's Unpeaceful Rise," *Current History*, Vol. 105, No. 690, 2006.

Pyle, Kenneth, *Japan Rising : The Emergence of Japanese Power*, NY Public Affairs, 2007.

京都産業大学世界問題研究所, 『世界問題研究所紀要』 第22券, 2006.

木村雅昭, 「EUと東アジア共同体」, 徐興慶·陳永峰編, 『転換中のEUと「東アジア共同体」 : 台湾から世界を考える』, 台湾大学出版中心, 2012.

白鳥令, 「第二次大戦後日本における国家形成モデルの変遷と台湾の安全保障政策」, 中華民国国際関係学会·国立政治大学東亜研究所, 『日本新防衛政策与東亜情勢国際研討会論文集』, 2015.

小原雅博, 『東アジア共同体』, 日本経済新聞社, 2005.

安倍晋三,『美しい国へ』, 文藝春秋, 2006.

永井陽之助,『現代と戦略』, 文藝春秋, 1985.

田中明彦,『新しい「中世」: 21世紀の世界システム』, 日本経済新聞社, 1996.

佐藤洋治·鄭俊坤,『アジア共同体の創成に向かって』, 芦書房, 2011.

湯山智之,「歴史的水域に関する米国連邦最高裁判所の判例」,『立命館法学』5·6號, 2010.

和田春樹,『領土問題をどう解決するか』, 平凡社, 2012.

「『二つの中国』のはざまで」,『毎日新聞』, 2010년 10월 24일.

「미·중 사이 동맹 vs 균형 논란」,『동아일보』, 2015년 8월 1~2일.

한국국방연구원,『세계분쟁 데이터베이스 : 센카쿠열도/댜오위다오 분쟁』, http://www.kida.re.kr/woww/dispute_detail.asp?idx=28(2016년 3월 13일 검색).

日本外務省,『東アジア共同体構築に係るわが国の考え方』, 2006, http://www.mofa.go.jp/mofaj/area/eas/pdfs/(2016년 3월 13일 검색).

矢島誠司,「共同体構想に疑問を呈する」, http://www.jnpc.or.jp/activities/news/report/2005/07/r00014251/(2016년 3월 13일 검색).

제6장 접경 지역에서 산업협력의 관계망 형성과 단절 : 북한 나선과 개성 경제특구를 중심으로

개성공업지구관리위원회,『개성공업지구 통계자료』, 2014. 1.

김병필,「북한의 새로운 라선경제무역지대 하위 규정의 분석과 평가」,『KDI 북한경제리뷰』, 2015. 2.

김중호,「북한의 경제개발 실태와 국제개발지원 수용 가능성」, 한국수출입은행 북한개발연구센터 편,『북한개발과 국제협력』, 오름, 2014.

김진향,『개성공단 사람들』, 내일을여는책, 2015.

김창도,「중국의 경험으로 본 북한의 특구 전략과 과제」, 경희대 국제지역연구원 제6차 환동해포럼 발표, 2015년 10월 2일.

김치욱,「남북 경제협력의 네트워크 구조와 개성공단」, 윤영관·전재성·김상배 엮음,『네트워크로 보는 세계 속의 북한』, 늘품플러스, 2015.

김학기 외,『남-북-러 삼각 경제협력 방안 연구』, 산업연구원, 2014.

나승권·홍이경,『개성공단의 국제경쟁력 강화방안 연구』, 대외경제정책연구원, 2014.

동용승,「북한경제의 현황과 전망 : 식량배급제 및 개성공단을 중심으로」, 북한경제포럼 편,『북한경제와 남북한 경제협력』, 오름, 2008.

맹준호, 「국제사회의 북한개발지원 동향과 정책과제」, 한국수출입은행 북한개발연구센터 편, 『북한개발과 국제협력』, 오름, 2014.

민경태, 『서울 평양 메가시티』, 미래의창, 2014.

박수환, 『신 지역경제 이론 및 분석』, 진샘미디어, 2012.

배종렬, 「북한의 특수경제지대 추가지정과 남북경제협력」, 『수은북한경제』, 2013. 겨울호.

성기영, 「남북러·남북중 삼각협력을 통한 대북경협 활성화 방안」, 『수은북한경제』, 2014. 가을호.

신범식, 「북-중-러 접경지대 개발협력과 동북아시아 지역정치」, 윤영관·전재성·김상배 엮음, 『네트워크로 보는 세계 속의 북한』, 늘품플러스, 2015.

심상진, 「개성공단 및 금강산관광사업의 추진전략과 평가」, 경희대 국제지역연구원 제6차 환동해포럼 발표, 2015년 10월 2일.

양문수, 『북한경제의 구조』, 서울대학교출판문화원, 2014.

양운철, 「남북관계 재구축 전략·개성공단 사례를 중심으로」, 『수은북한경제』, 2013. 겨울호.

유병규·최성근, 「북한 나선특별시 개발 전망과 시사점」, 『경제주평』, 현대경제연구원, 2010. 2.

이덕희, 『네트워크 이코노미』, 동아시아, 2008.

이상준, 『한반도 북방지역의 미래 비전』, 2015 국토연구원 국제세미나, 2015년 11월 24일.

이석기·김석진·정근주, 『북한의 산업 발전 잠재력과 남북협력 과제』, 산업연구원, 2013.

이석기 외, 「개성공단을 둘러싼 갈등과 해결방안」, 북한경제연구협의회 편, 『KDI 북한경제리뷰』, 2015. 6.

이성우 외, 『북방물류시장과 연계한 나진항 활성화 방안』, 해양수산발전개발원, 2015. 4.

이수현, 「라진특구의 현황과 남북 경제협력을 위한 과제」, 『KDI 북한경제리뷰』, 2015. 5.

이종림, 「동북아 물류인프라의 구축과 무역 활성화 과제」, 2014 북한개발 국제 컨퍼런스, 2014년 7월 2일.

이종석, 「북-중 경제협력의 심화 : 특징과 함의」, 『정세와 정책』, 2011. 7.

임을출, 「개성공단의 국제화 추진 방안과 향후 과제」, 『통일경제』 2, 2014.

_____, 「김정은 시대의 경제특구 정책 : 실태, 평가 및 전망」, 동북아경제학회 춘계학술세미나, 2015년 5월 22일.

장하준, 「제도경제학」, 박만섭 엮음, 『경제학, 더 넓은 지평을 향하여』, 이투신서, 2005.

장형수, 「북한개발지원을 위한 국제협력-방향과 과제」, 한국수출입은행 북한개발연구센터 편, 『북한개발과 국제협력』, 오름, 2014.

정영철, 『북한의 개혁·개방』, 선인, 2004.

조동호, 「개성공단의 임금수준은 적정한가」, 『북한연구학회보』 17(2), 2013.

조유현, 「나선지역에서 다국적 산업단지 개발의 가능성 분석」, 『제8차 두만강포럼』, 2016년 1월 14일.

홍양호, 「개성공단의 실상과 정책적 함의」, 제주평화연구원 편, 『JPI 정책포럼』 17, 2015.

Abrahamina, Andray and See, Geoffrey K., *The ABCs of North Korea's SEZs*, US-Korea Institute, SAIS. Washington, D.C., 2014.

제7장 환동해 에너지 관계망의 지정학

김상원, 「러시아의 에너지전략 변화와 러·중 에너지협력」, 『한국동북아논총』 61, 2011.

김연규, 「글로벌 셰일혁명과 동아시아 에너지 시장/지정학 변화」, 『세계정치』 21, 2014.

_____, 「셰일혁명과 신국제 에너지 질서」, 서울대학교 국제문제연구소 편, 『에너지 국제정치의 변환과 동북아시아』, 사회평론아카데미, 2015.

김하영, 「에너지자원과 환동해지역의 갈등」, 『도서문화』 41, 2013.

김효섭, 「환동해지역의 교역 구조와 특성」, 제4회 환동해 국제심포지엄 : 환동해 루트, 이동과 연결망, 포항, 2016년 1월 26일.

신범식, 「러시아의 에너지 동방정책과 동북아 국가들의 대응」, 서울대학교 국제문제연구소 편, 『세계 정치 : 에너지 국제정치의 변환과 동북아시아』, 사회평론아카데미, 2015.

엄구호, 「러시아의 동북아 가스정책과 극동·동시베리아 가스의 공급 안정성」, 『슬라브연구』 29(2), 2013.

이기현·김장호·제성훈, 『남북러 가스관과 동북아 에너지협력의 지정학』, 통일연구원, 2013.

이성규, 「세계 셰일가스 개발 동향과 우리나라에 미치는 영향」, 『석유』 90, 2014.

이성규·윤익중, 「유라시아 이니셔티브와 푸틴의 신동방정책 : 권역별 에너지협력을 중심으로」, 『東西硏究』 26(3), 2014.

이재승, 「북미 셰일혁명과 동북아시아의 대응 — 에너지협력 가능성 모색」, 서울대학교 국제문제연구소 편, 『세계 정치 : 에너지 국제정치의 변환과 동북아시아』, 사회평론아카데미, 2015.

이태환, 「중국의 에너지전략과 국제정치」, 서울대학교 국제문제연구소 편, 『에너지 국제정치의 변환과 동북아시아』, 사회평론아카데미, 2015.

임상범, 『한/중/일 에너지 삼국지』, 좋은땅, 2015.

켄트 콜더, 『에너지와 21세기 유라시아 지정학, 신대륙주의』, 오인석·유인승 역, 아산정책연구원, 2014.

Bradshaw, Michael, "The pieces in Russia's eastern gas puzzle start to fall into place," *Forum*, Issue 97, The Oxford Institute for Energy Studies, August, 2014.

Henderson, James and Stern, Jonathan, "The Potential Impact on Asia Gas Markets of Russia's Eastern Gas Strategy," *OXFORD ENERGY COMMENT*, The Oxford Institute for Energy Studies, February, 2014.

Itoh, Stochi, *Russia Looks East : Energy Market and Geopolitics in Northeast Asia*, CSIS, July, 2011.

Jaffe, Amy, "The Potential of Energy as a Geopolitical Binding Factor in Asia," *Post-Soviet Geography and Economics*, Vol. 42, No. 7, Oct/Nov, 2001.

Kim, Younkyoo and Blank, Stepan, "US Shale Revolution and Russia : Shifting Geopolitics of Energy in Europe and Asia," *Asia-Europe Journal*, Vol. 13, 2015.

Kuchins, Andrew C., "The Energy Factor in Russia's 'Asia Pivot'," *PONARS Euraisa Policy Memo*, No. 272, 2013.

Larin, Victor, "Pacific Russia international relations : problems and limitations for their future development," *Developing Asia Pacific's Last Frontier : Fostering International Cooperation in the Development of Russia's Siberia and Far East*, Conference Report, Vladivostok, May 14~15, 2015.

Lo, Bobo, *Axis of convenience : Moscow, Beijing, and the New Geopolitics*, Washington, D.C. : Brookings Institution Press, 2008.

_____, "Russia's Eastern Direction-Distinguishing the Real from the Virtual," *Russie, Nei. Reports*, No. 17, ifri Russia/NIS Center, 2014.

Mitrova, Tatiana, "The Political and Economic Importance of Gas in Russia," James Henderson and Simon Pirani (eds.), *The Russian Gas Matrix : How Markets are Driving Change*, Oxford : Oxford University Press for the Oxford Institute for Energy Studies, 2014.

Shadrina, Elena, "Energy cooperation in Northeast Asia," *JILA Fellowship Occasional Paper 27*, Tokyo : The Japan Institute of International Affairs, 2004.

Stulberg, Adam N., "Russia's Energy Security Dilemmas in Northeast Asia," *PONARS Eurasia Policy Memo*, No. 170, 2011.

지식경제부, 「셰일가스 개발·도입 및 활용 전략」(보도자료), 2012년 9월 6일.

BP, *Statistical Review of World Energy*, 2012.

_____, *Statistical Review of World Energy*, 2014.

Kaplan, Robert D, "The Geopolitics of Energy," *Forbes*, April 4, 2014.

Salin, P., "Russia's Three Roads to Asia," *Russia in Global Affairs*, December 27, 2012.

Zubacheva, Ksenia, "Rethinking Russia's Energy Strategy in Asia Pacific," *Russia Direct*, September 4, 2015.

제8장 동북아 환경협력의 현황과 과제

박경석, 「북한의 산림 현황 및 산림 정책」, 『KREI 북한농업동향』 15(3), 2013.

중국임업국, 「中国荒漠化和沙化状况公报」, 2015.

중국환경계획원, 「中国应对环境事故的应急风险管理与中韩合作方案研究报告」, 2015.

중국환경보호부, 「全国环境统计公报」, 연도별.

_____, 「中国机动车污染防治年报」, 연도별.

추장민 외, 『동북아 환경 재난 대응 지역협력 방안 연구』, 한국환경정책·평가연구원, 2014.

_____, 『한·중 환경사고 대응정책 비교 및 협력 방안 연구』, 대외경제정책연구원/한국환경정책·평가연구원, 2015.

환경부, 『2014 환경통계연감』, 2014.

_____, 「최근 고농도 미세먼지 발생 현황 및 대응 방향」, 2013.

_____, 「TEMM16 공동합의문」, 2014.

_____, 「TEMM 환경협력 공동실행계획(2015~2019)」, 2015.

KEI/CAEC/IGES, 「TEMM 10대 우선협력 분야 공동행동계획(2010~2014) 이행 현황 공동연구 결과보고」, 제16차 TEMM 발표문, 2014년 4월 29일.

IPCC 제2실무그룹, 「Part B : 지역별 현황(한글 번역본)」, 『기후변화 2014 : 영향, 적응 및 취약성』, 환경부/국립환경과학원, 2014.

Harmeling, Sven and Eckstein, David, *Global Climate Risk Index 2013*, Germanwatch e. V., 2012.

NOWPAP MERRAC, "Report on oil and HNS spill incidents(UNEP/IMO/NOWPAP/MERRAC/FPM 17/9)," The 17thNOWPAP MERRAC focal points meeting & the 9th completent national authorities meeting, 2014.

UNDP et al., *Mongolia's Sustainable Development Agenda : Progresses, Bottlenecks and Vision for Future*, UNDP, 2012.

「[대륙의 습격 ③] 중국발 해양 쓰레기, 서·남해 청정해역 망친다」, http://www.newsis.com/ar_detail/view.html?ar_id=NISX20160322_0013974720&cID=10201&pID=10200(2016년 4월 6일 검색).

환경부 환경통계포털, http://stat.me.go.kr/nesis/index.jsp.

TEMM, "Tripartite Joint Action Plan on Environment Cooperation," http://www.temm.org/sub05/view.jsp?id=18&page=1&search=&searchstring=(2016월 2월 20일 검색).

| 저자 소개 |

김재윤 동북아시아 선사고고학 전공. 러시아과학아카데미 역사학 박사이며 현재 부산대학교 시간강사이다. 주요 논저로 『고고학으로 본 옥저문화』(공저), 『철기시대 한국과 연해주』(공저), 「韓半島刻目突帶文土器의 編年과 系譜」, 「선사시대의 極東 全身像 土偶와 환동해문화권」, 「평저토기문화권 동부지역의 6,500~6,000년 전 신석기문화 비교고찰」 외 다수가 있다.

김석희 일본 근대문학 전공. 경희대학교 국제지역연구원 HK연구교수이다. 주요 논문으로 「환동해지역의 풍경예술과 토포스 – 풍경예술을 통해 본 "동해"와 "시베리아"」, 「근대 환동해지역과 스텐카 라진 서사-로맨스의 문법과 미디어」, "Joseon in Color : the 'Colored Clothes Campaign' and the 'White Clothes Discourse'", "Beyond the Dichotomy of Collaboration vs. Resistance" 외 다수가 있다.

신진숙 한국 현대문학 전공. 경희대학교 국제지역연구원 HK연구교수이다. 주요 논저로 『윤리적인 유혹, 아름다움의 윤리』, 『동해의 재인식과 환동해학의 모색』(공저), 「환동해 인권의 위상학」, 「환동해 변방담론을 통해 본 근대 공간의 정치와 그 역설」, 「환동해 디아스포라 : 국경을 넘는 사람들」 외 다수가 있다.

권세은 러시아 정치 전공. 경희대학교 러시아어학과 교수이며, 국제지역연구원 원장 및 HK사업단 연구책임자이다. 주요 논저로 『러시아지방의 체계론적 이해』(공저), 『러시아지방 연구시리즈 1~7』(공저), 『21세기 러시아정치와 국가전략』(공저), 『동해의 재인식과 환동해학의 모색』(공저), 「지역 연구의 패러다임으로서 복잡성에 대한 시론」, 「학제적 연구에 대한 인식론적 시론」, 「지역 연구 단위로서의 유라시아에 대한 일고」 외 다수가 있다.

송석원 일본 정치 전공. 경희대학교 정치외교학과 교수이며, 국제지역연구원 일본학연구소 소장이다. 주요 논저로 『제국일본의 문화권력』(공저), 『근대 동아시아의 아포리아』(공저), 『동아시아 근대 한국인론의 지형』(공저), 『일본의 민족질서』(공저), 『일본문화론의 계보』(역서), 『민족과 네이션 : 내셔널리즘이라는 난제』(역서), 「사쿠마 쇼잔佐久間象山의 해방론海防論과 대 서양관 : 막말에 있어서의 '양이를 위한 개국'의 정치사상」, 「문명의 외연外延화와 지배의 정당성 : 후쿠자와 유키치福沢諭吉를 중심으로」, 「동족과 일본의 정치문화 : 나고名子 시스템을 중심으로」, 「일본 사회당의 쇠락에 관한 연구」 외 다수가 있다.

최영진 중국 사회학 전공. 경희대학교 국제지역연구원 HK교수이다. 주요 논문으로 "Aligning Labor Disputes with Institutional, Cultural, and Rational Approach : Evidence of East Asian-Invested Enterprises in China", 「환동해권 체제이행국가의 농업개혁과 농업협력 : 북한 농업에의 함의」, 「환동해지역의 항구와 해상관계망 형성 : 항만제도 및 전략적 관점에서」 외 다수가 있다.

김효섭 지리학(러시아지역연구) 전공. 경희대학교 국제지역연구원 HK연구교수이다. 주요 논저로 『환동해지역의 이해』(공저), 「전환기 러시아의 지역주의와 지역정체성 : 러시아연방 부랴찌야공화국의 사례 연구」가 있다.

추장민 환경과학(중국환경) 전공. 한국환경정책·평가연구원 연구위원이다. 주요 논저로 『동북아지역의 황사피해 분석 및 피해저감을 위한 지역 협력방안 연구 I-II』(공저), 『동북아 환경협력체계 효율화 방안 연구』(공저), 『동북아 환경 재난 대응 지역협력 방안 연구』(공저), 『중국의 환경문제와 정책에 관한 한·중 공동연구』(공저), 『한반도 그린데탕트 추진 방안에 관한 연구』(공저) 외 다수가 있다.

경희대학교 국제지역연구원 환동해지역연구 시리즈 5

환동해 관계망의 역동성

초판1쇄 인쇄 2016년 4월 25일
초판1쇄 발행 2016년 4월 30일

지은이 김재윤 김석희 신진숙 권세은
송석원 최영진 김효섭 추장민
펴낸이 조인원
펴낸곳 경희대학교 출판문화원
주소 서울시 동대문구 경희대로 26
전화 02-961-0106~8, 팩스 02-962-8840
설립 1960년 9월 16일 제5-8호
등록 1977년 11월 8일 제6-5호
홈페이지 www.khupress.com
전자우편 press@khu.ac.kr

ISBN 978-89-8222-547-5 94910
978-89-8222-393-8 (세트)